学习领域课程建设系列丛书

家庭照明线路安装与检修

丛书主编　陈朝菊

本书主编　邱　雪

副 主 编　蒋赟锋

参　　编　马　英　王子欣

　　　　　赵小军　杨　旭

U0216740

電子工業出版社

Publishing House of Electronics Industry

北京·BEIJING

内 容 简 介

本书以实际工作任务为载体，确定了职业入门、书房一控一灯的安装、室内日光灯的安装、卧室双控灯的安装、一室一厅住房线路的安装这五个学习情境，根据不同学习情境的特点，在开头写明与之相对应的学习目标及学习过程，并将基础理论和实践应用结合在一起，以富有逻辑性的组织结构引领学生了解照明线路的专业基础知识并掌握实际操作的基本技能。

图书在版编目（CIP）数据

家庭照明线路安装与检修 / 邱雪主编. —北京：电子工业出版社，2017.11
（学习领域课程建设系列丛书）

ISBN 978-7-121-30900-7

Ⅰ. ①家… Ⅱ. ①邱… Ⅲ. ①住宅—室内照明—电路—安装—中等专业学校—教材②住宅—室内照明—电路—检修—中等专业学校—教材 Ⅳ. ①TU113.6

中国版本图书馆 CIP 数据核字（2017）第 022356 号

策划编辑：关雅莉
责任编辑：裴　杰
印　　刷：湖北画中画印刷有限公司
装　　订：湖北画中画印刷有限公司
出版发行：电子工业出版社
　　　　　北京市海淀区万寿路 173 信箱　邮编　100036
开　　本：787×1 092　1/16　印张：7.75　字数：198.4 千字
版　　次：2017 年 11 月第 1 版
印　　次：2019 年 9 月第 2 次印刷
定　　价：20.00 元

凡所购买电子工业出版社图书有缺损问题，请向购买书店调换。若书店售缺，请与本社发行部联系，联系及邮购电话：（010）88254888，88258888。

质量投诉请发邮件至 zlts@phei.com.cn，盗版侵权举报请发邮件至 dbqq@phei.com.cn。

本书咨询联系方式：（010）88254617，luomn@phei.com.cn。

前　言

　　本书以学习领域课程的特点为基础，以实际工作任务为载体，确定了职业入门、书房一控一灯的安装、室内日光灯的安装、卧室双控灯的安装、一室一厅住房线路的安装五个学习情境，根据不同学习情境的特点，在开头写明与之相对应的学习目标及学习过程，并将基础理论和实践应用结合在一起，以富有逻辑性的组织结构引领学生了解照明线路的专业基础知识并掌握实际操作的基本技能。

　　本书最大的特点是将各个学习情境所需用到的理论知识融合在知识拓展部分，摒弃了传统的理论实践分家的教学模式。图文并茂，言简意赅，通俗易懂，具有形式活泼、使用方便的优点。并且为了结合实际生活的需要，在最后一个学习情境中，学生通过模拟家庭住户的室内线路安装，将书房、卧室、厨房、卫生间等房间按照工程实施的过程制订计划并实施。本书知识前后连贯紧密、由简到繁、由浅入深，所学知识贴近生活，让学生能够快速融入以后的就业岗位中去，激发学生的学习积极性。

　　本书是重庆市教育科学"十二五"规划课题"中等职业学校电气运行与控制专业学习领域课程资源设计与开发"的成果之一，它将促进教学过程和工作过程相融合，提高学生在真实的工作情境中整体化地解决专业综合问题的能力。

　　由于编者水平有限、编写时间仓促，书中难免存在错误和疏漏，恳请广大读者批评指正。

编　者

目　　录

项目一

职业入门

学习目标

1. 能够具备维修电工的基本素质及素养。
2. 能够描述维修电工的基本安全知识及用电常识。
3. 能够掌握家庭用电的安全常识。
4. 能够描述电工实训室的电源配置情况。
5. 能够熟练使用维修电工的电工工具。
6. 能够在现场对触电者进行救助和处理。
7. 能够对电气火灾进行预防和能够正确扑灭电气火灾。
8. 能够叙述电工安全操作规程。
9. 能够对实训场地进行 7S 管理。

工作情境

　　小明是一名在外漂泊多年的农民工，最近他准备回家乡发展，但是苦于没有一门专长技术。现在看着家乡发展得如此之好，高楼大厦平地而起，他觉得从事房屋装修及家庭水电安装是非常好的工作，于是他准备先去考取维修电工技能证以及电工作业的上岗证，然后进入这一领域。

工作流程

学习活动一：明确工作任务
学习活动二：信息收集
学习活动三：急救工作训练
学习活动四：总结与评价

学习活动一 明确工作任务

 学习目标

明确任务要求。

 学习过程

在现实生产、生活中，哪些地方需要维修电工？维修电工应该干些什么？他们的工作环境怎样？一个合格的维修电工应该具备哪些基本技能？对于刚刚进入职业学校的学生来讲一无所知，需要进行职业素养教育，了解维修电工的职业特征。

维修电工必须接受安全教育，在具有遵守电工安全操作规程意识、了解安全用电常识后，经过专业学习与训练，才能走上工作岗位。维修电工基本职业素养见表 1-1。

表 1-1 维修电工基本职业素养

序号	维修电工部分基本技能
1	维修电工的职责
2	安全用电常识
3	电工工具的使用
4	预防触电
5	触电的现场处理与急救
6	电气火灾的扑灭

引导问题 1：你认为维修电工应该做些什么事情？

_____

_____

引导问题 2 ：维修电工可以从事哪些行业的相关工作？

_____

_____

引导问题 3：从身边做起你认为该如何安全用电？

_____

_____

引导问题 4：发生触电事故后你会采取什么措施？

_____

_____

引导问题 5：发生用电火灾时你会如何做呢？

_____

_____

学习活动二　信息收集

 学习目标

1. 能阅读分析工作页的知识拓展内容。
2. 能根据现有资料回答相关问题。

 学习过程

一、观看视频及图片，回答下列问题。

引导问题1：图片中的人都在做什么事情？

图片1：_____　　　图片2：_____

图片3：_____　　　图片4：_____

引导问题2：从事以上工作必须掌握哪些基本技能？

_____

_____

_____

 **知识拓展**

维修电工

维修电工是从事机械设备和电气系统线路及器件的安装、调试与维护、修理的人员。维修电工主要掌握：维修电工常识和基本技能，室内线路的安装，接地装置的安装与维修，常见变压器的检修与维护，各种常用电机的拆装与维修，常用低压电器及配电装置的安装与维修，电动机基本控制线路的安装与维修，常用机床电气线路的安装与维修，电子线路的安装与调试，电气控制线路设计，可编程控制器及其应用。

1. 职业定义：从事机械设备和电气系统线路及器件等的安装、调试与维护、修理的人员。

2. 职业等级：本职业共设五个等级，分别为：初级（国家职业资格五级）、中级（国家职业资格四级）、高级（国家职业资格三级）、技师（国家职业资格二级）、高级技师（国家职业资格一级）。

3. 职业环境：室内、室外。

4. 职业能力特征：具有一定的学习、理解、观察、判断、推理和计算能力，手指、手臂灵活，动作协调，并能高空作业。

5. 基本文化程度：高中毕业。

6. 岗位职责：

（1）严格遵守公司员工守则和各项规章制度，服从领导安排，除完成日常维修任务外，有计划地承担其他工程任务。

（2）努力学习技术，熟练地掌握小区电气设备的原理及实际操作与维修。

（3）制订所管辖设备的检修计划，按时按质按量地完成，并填好记录表格。

（4）积极协调配电工的工作，出现事故时无条件地迅速返回机房，听从值班长的指挥。

（5）严格执行设备管理制度，做好日夜班的交接班工作。

（6）交班时发生故障，上一班必须协同下一班排除故障后才能下班，配电设备发生事故时不得离岗。

（7）请假、补休需在一天前报告主管，并由主管安排合适的替班人。

（8）每月进行一次分管设备的维修保养工作。

（9）搞好班内外清洁工作。

电工就业前景目前而言十分广泛，只要有电的地方就需要有电工职位的人员存在，比如商场、酒店、银行、旅游景点等需要用到电的地方就有电工，大量的电工人才的需求，让维修电工就业前景十分广阔。电工可从事维修电工、电机维修工、电子装配工、发配电、继电保护、工厂用电、数控维修、家用电器维修等工作，就业范围十分广阔。电工（除工业电力系统）的工作范围包括：布局、组装、安装、调试、故障检测及排除，以及维修电线、固定装置、控制装置及楼房等建筑物内的相关设备等。虽然电工的年均收入比较高，但从业人员却不太多，难以满足用人单位的需求。预计在今后的 5 年里，这种状况会继续延续下去。

二、阅读资料，观察图片，说出图片中的工具名称及其作用。

图片 1：_____

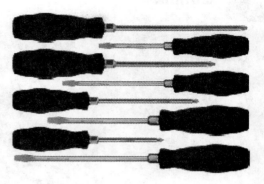

图片 2：_____

图片 3：_____

图片 4：_____

图片 5：_____

图片 6：_____

常用电工工具有螺钉旋具、试电笔、钢丝钳、斜口钳、剥线钳等，如图 1-1 所示。

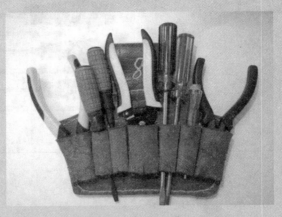

图 1-1　常用电工工具

1. 试电笔

使用时，手指必须触及笔尾的金属部分，并使氖管小窗背光且朝向自己，以便观测氖管的亮暗程度，防止因光线太强造成误判断，其使用方法如图 1-2 所示。

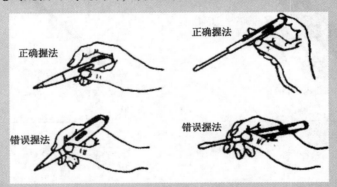

图 1-2　试电笔的握法

当用试电笔测试带电体时，电流经带电体、电笔、人体及大地形成通电回路，只要带电体与大地之间的电位差超过 60V 时，电笔中的氖管就会发光。低压试电笔检测的电压范围的 60～500V。

注意事项：

（1）使用前，必须在有电源处对试电笔进行测试，以证明该试电笔确实良好，方可使用。

（2）验电时，应使试电笔逐渐靠近被测物体，直至氖管发亮，不可直接接触被测物体。

（3）验电时，手指必须触及笔尾的金属体，否则带电体也会被误判为非带电体。

（4）验电时，要防止手指触及笔尖的金属部分，以免造成触电事故。

2. 螺钉旋具

螺钉旋具较大时，除大拇指、食指和中指要夹住握柄外，手掌还要顶住柄的末端以防旋转时滑脱；

螺钉旋具较小时，用大拇指和中指夹着握柄，同时用食指顶住柄的末端用力旋动；

螺钉旋具较长时，用右手压紧手柄并转动，同时左手握住起子的中间部分（不可放在螺钉周围，以免将手划伤），以防止起子滑脱。

螺钉旋具使用方法如图 1-3 所示。

注意事项：

（1）带电作业时，手不可触及螺钉旋具的金属杆，以免发生触电事故。

（2）作为电工，不应使用金属杆直通握柄顶部的螺钉旋具。

（3）为防止金属杆触到人体或邻近带电体，金属杆应套上绝缘管。

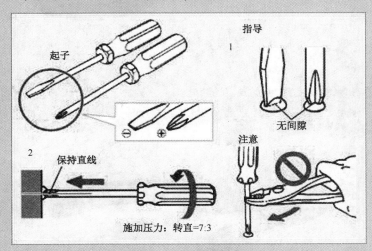

图 1-3　螺钉旋具使用方法

3．钢丝钳

钢丝钳在电工作业时，用途广泛。钳口可用来弯绞或钳夹导线线头；齿口可用来紧固或起松螺母；刀口可用来剪切导线或钳削导线绝缘层；侧口可用来铡切导线线芯、钢丝等较硬线材。钢丝钳各用途的使用方法如图 1-4 所示。

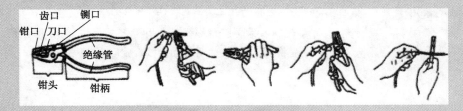

图 1-4　钢丝钳各用途的使用方法

注意事项：

（1）使用前，检查钢丝钳绝缘是否良好，以免带电作业时造成触电事故。

（2）在带电剪切导线时，不得用刀口同时剪切不同电位的两根线（如相线与零线、相线与相线等），以免发生短路事故。

4．尖嘴钳

尖嘴钳因其头部尖细，适用于在狭小的工作空间操作。外形如图 1-5 所示。

尖嘴钳可用来剪断较细小的导线；可用来夹持较小的螺钉、螺帽、垫圈、导线等；也可用来对单股导线整形（如平直、弯曲等）。若使用尖嘴钳带电作业，应检查其绝缘是否良好，在作业时金属部分不要触及人体或邻近的带电体。

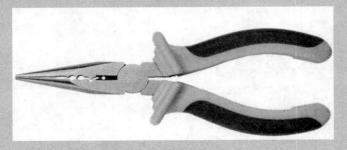

图 1-5　尖嘴钳

5. 斜口钳

斜口钳专用于剪断各种电线电缆。

对粗细不同、硬度不同的材料，应选用大小合适的斜口钳。

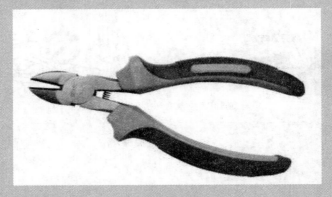

图 1-6　斜口钳

6. 剥线钳

剥线钳是专用于剥削较细小导线绝缘层的工具。

使用剥线钳剥削导线绝缘层时，先将要剥削的绝缘长度用标尺定好，然后将导线放入相应的刃口中（比导线直径稍大），再用手将钳柄一握，导线的绝缘层即被剥离。

图 1-7　剥线钳

三、观看视频并阅读资料，完成下列问题。

引导问题1：描述发生触电的过程。

_____

引导问题2：触电带来的伤害有哪些？它们之间有什么不同？

_____

_____

引导问题3：常见的安全电压的等级。

_____

 **知识拓展**

随着人们生活水平的提高，家用电器不断增加，在用电过程中，由于电气设备本身的缺陷、使用不当和安全技术措施不利而造成的人身触电和火灾事故，给人民的生命和财产带来了不应有的损失，我们常说的触电是人体直接或间接接触到带电体，电流通过人体造成的，会造成电击与电伤两种伤害。

电击——电流流过人体时在人体内部造成器官的伤害，而在人体外表不一定留下电流痕迹。表现为：刺麻、酸疼、打击感并伴随肌肉收缩，严重心律不齐、昏迷、心跳停止等。

电伤——电流流过人体时使人的皮肤受到灼伤、烤伤和皮肤金属化的伤害，严重的可致人死亡。表现为：电灼伤、电烙印、皮肤金属化等。

研究表明，电对人体的伤害主要来自电流，流经人体的允许电流为：交流（50～60Hz）为10mA；直流为50mA。但当线路上装有防止短路的瞬间保护时，人体允许电流可按30mA考虑。基于此得出在不同环境下人体常见的安全电压等级如表1-2所示。

表1-2　安全电压等级

等级	适用场合
42V	在有触电危险的场所使用的移动家用电器、手持式电动工具等
36V	潮湿场所，如矿井、地下室、地道、多导电粉尘及类似场所使用的电气线路、照明灯及其他用电器具
24V	工作面积狭窄，操作者易大面积接触带电体的场所，如锅炉、金属容器内、大型金属管道内
12V	因工作需要，人体必须长期带电触及电气线路或设备的场所

引导问题4：仔细观察图片及资料，结合触电的知识，描述常见的触电类型。

_____

_____

_____

_____

_____

知识拓展

在我们日常生活中有两种最基本的电源方式，第一种是居民家庭用电，即单相电，一根相线（俗称火线）和一根零线构成的电能输送形式，必要时会有第三根线（地线）；第二种是工业用电，即三根相线和一根中性线构成的电能输送方式。

如图 1-8 所示是生活中常见的三种类型触电方式。

1. 单相触电：指当人体接触带电设备或线路中的某一相导体时，一相电流通过人体经大地回到中性点，这种触电形式称为单相触电。

2. 两相触电：指人体的两处同时触及两相带电体，电流经人体从一相流入另一相的触电方式。这时人体承受的是 380V 的线电压，其危险性一般比单相触电大。人体一旦接触两相带电体电流便比较大，轻微的会引起触电烧伤或导致残疾，严重的可以导致触电死亡，而且两相触电使人触电身亡的时间只有 1～2s。

人体的触电方式中，以两相触电最为危险。

3. 跨步电压触电：指人体进入发生接地的高压散流场所时，因两脚所处的电位不同产生电位差，使电流从一脚流经人体后，从另一脚流出的触电方式。

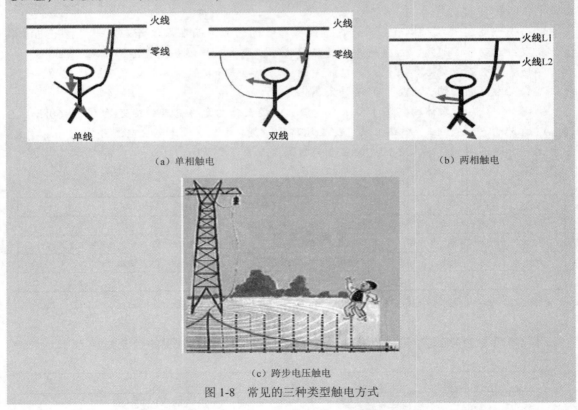

（a）单相触电　　　　　　　　　　　（b）两相触电

（c）跨步电压触电

图 1-8　常见的三种类型触电方式

引导问题 5：阅读拓展资料，观察下列图片，完成图片的解释，并根据引导内容列举生活中其他的预防触电的保护措施。

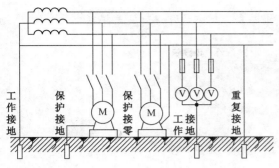

图片1: _____

灯头、插头处裸露

图片2: _____

图片3: _____

图片4: _____

 知识拓展

安全用电要守住三道防线:

第一道防线:线路设备合格是保障安全用电的最根本性的措施。特别是新装用电,要向供电部门或当地管电组织申报,安装时,应由持证的合格电工按照供电部门的装置标准施工。修理也要找合格的电工。

第二道防线:安全用电要常普及。以前车为鉴,要牢记安全用电"十禁":

(1)禁止私设电网;

(2)禁止私拉乱接;

(3)禁止用电捕鱼;

(4)禁止挂钩用电;

(5)禁止"一线一地"照明;

(6)禁止使用不合格的导线和用电设备;

(7)禁止带电接火线;

(8)禁止带电移动、安装、修理电气设备;

(9)禁止约时停、送电;

(10)一般禁止在触电现场急救中注射强心针。

第三道防线:安装合格的漏电保护开关。所有用电点,都要求安装触电保安器,实行分级保护、总保护、分支线保护、末端保护，家用电器较多的家庭，应安装单相漏电保护开关。牢记安全用电的标志，如图1-9所示。

图1-9 常用电力安全标志

引导问题6：观察下列图片，思考家庭安全用电应该注意的问题。

图片1：_____

图片2：_____

图片 3：＿＿＿＿＿＿＿＿＿＿＿ 图片 4：＿＿＿＿＿＿＿＿＿＿＿

引导问题 7：观察图片，思考发生电气火灾的时候应该怎么办？

图片 1：＿＿＿＿＿＿＿＿＿＿＿ 图片 2：＿＿＿＿＿＿＿＿＿＿＿

切断电源、火源

（a）拉下保险销

（b）喷嘴对火底，手握下压把喷出干粉

图片 3：＿＿＿＿＿＿＿＿＿＿＿ 图片 4：＿＿＿＿＿＿＿＿＿＿＿

 知识拓展

1. 家庭安全用电守则

（1）人走断电，用完断电，停电也要切断电源。

（2）插座不要安得太低，孩子要远离电源、开关和插头。

（3）各种电源开关，坏了要及时维修。

（4）手上沾水或出汗过多时，不要接触电线插销和使用灯光开磁的电灯。

（5）电炉不要靠近电线，以免电线被烤焦而埋下隐患。

（6）不要在电线上晾晒、搭挂衣物。

（7）保险丝断了不要用铁丝、铜丝、铝丝代替。

（8）电线破损、断落时，应及时断开电源，速找电工修理。

（9）发现有人触电，先用绝缘体挑开电源，然后施救。

（10）使用各种电器时，要熟读使用守则后安全使用。

2．家庭触电预防措施

（1）居家成员要普及用电安全知识。

（2）居家铺设暗线，须加绝缘套管。

（3）电线破损、电线接头修补必须用绝缘胶布。

（4）不准用湿手更换灯泡、灯管，不准用湿布、湿纸擦拭灯管、灯泡。

（5）保险丝的选择要安全匹配，勿用铜丝或铁丝代替。

（6）大功率家用电器要采用三孔插座，并要安装地线。

（7）配电箱要安装漏电保护器。

3．家用电器着火后的扑救方法

（1）立即关机，拔下电源插头或拉下总闸，如只发现电打火冒烟，断电后，火即自行熄灭。

（2）如果是导线绝缘和电器外壳等可燃材料着火时，可用湿棉被等覆盖物封闭窒息灭火。

（3）不得用水扑救，以防引起电视机的显像管炸裂伤人。

（4）未经修理，不得接通电源使用，以免触电、发生火灾事故。

电气设备发生火灾时，为了防止触电事故，一般都在切断电源后才进行扑救。有时在危急的情况下，如等待切断电源后再进行扑救，就会有使火势蔓延扩大的危险，或者断电后会严重影响生产。这时为了取得扑救的主动权，扑救就需要在带电的情况下进行，带电灭火时应注意以下几点：

（1）必须在确保安全的前提下进行，应用不导电的灭火剂，如二氧化碳、1211、1301、干粉等进行灭火。不能直接用导电的灭火剂，如直射水流、泡沫等进行喷射，否则会造成触电事故。

（2）使用小型二氧化碳、1211、1301、干粉灭火器灭火时由于其射程较近，要注意保持一定的安全距离。

（3）在灭火人员穿戴绝缘手套和绝缘靴，水枪喷嘴安装接地线的情况下，可以采用喷雾水灭火。

（4）如遇带电导线落于地面，则要防止跨步电压触电，扑救人员需要进入灭火时，必须穿上绝缘鞋。

此外，有油的电气设备如变压器，油开关着火时，也可用干燥的黄砂盖住火焰，使火熄灭。

学习活动三　急救工作训练

学习目标

能根据现场环境情况，快速反应确定救援方法，并实施正确的急救。

学习过程

一、阅读资料并观察下列图片，完成图片下面的注释内容，思考发生触电事故以后我们应该怎么办？

图片 1：＿＿＿＿＿＿＿＿＿＿＿＿＿

图片 2：＿＿＿＿＿＿＿＿＿＿＿＿＿

图片 3：＿＿＿＿＿＿＿＿＿＿＿＿＿

图片 4：＿＿＿＿＿＿＿＿＿＿＿＿＿

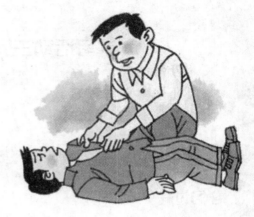

图片 5: _____

图片 6: _____

图片 7: _____

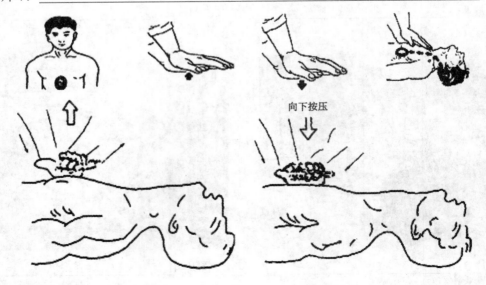

图片 8: _____

 **知识拓展**

一旦发生触电事故，应该从以下三个方面进行现场急救。

1. 使触电者尽快脱离电源

（1）拉闸：立即切断电源。

（2）拉离：让触电者脱离电源。

（3）挑开：用绝缘棒拨开触电者身上的电线。

（4）抛线：抛扬接地软线，使电路跳闸。

（5）垫物：在触电者身下垫一块绝缘板，人为切断电流回路。

（6）切线：使用绝缘手柄工具切断触电者身上的电线。

安全员和专业工长应立即封锁现场，禁止其他人员进入事故现场。应急组长（项目经理）应立即安排专业现场电工关闭现场电源，防止其他人员再次发生触电危险。

2. 初步判断触电者的受伤程度

（1）呼吸是否存在：观察胸、腹部有无起伏动作，用小纸条靠近触电者的鼻孔，观察是否摆动。

（2）脉搏是否跳动：用耳朵贴近触电者的心区，听有无心跳声；或者用手指接触颈动脉或股动脉，感知是否有脉动。

（3）瞳孔是否放大：瞳孔是受大脑控制的一个自动调节大小的光圈，处于死亡边缘的或已经死亡的人瞳孔会自然放大。

当伤员脱离电源后，附近人员应准备夹板，让伤员平躺，同时，立即通知项目应急响应小组成员。应急协调员待命根据伤者情况变化随时准备联系医院进行救护。

应急信息员及时拨打 110、120 急救电话，详细报告事故现场位于××路与××路的交叉路口、严重程度、联系电话，并派人到 A 大门接应。同时，马上通知项目经理和公司有关领导。

应急救护员应立即检查伤员全身情况，特别是呼吸和心跳，发现呼吸、心跳停止时，应立即就地抢救。

3. 心肺复苏法

（1）轻症：即神志清醒，呼吸、心跳均自主者，伤员就地平卧，严密观察，暂时不要站立或走动，防止继发休克或心衰。

（2）人工呼吸法：呼吸停止，心搏存在者，就地平卧解松衣扣，通畅气道，立即口对口人工呼吸，牢记口诀：张口捏鼻手抬颌，深吸缓吹口对紧，张口困难吹鼻孔，五秒一次坚持吹。

① 清除口腔阻塞；

② 头部尽量后仰；

③ 含嘴吹气；

④ 放开换气；

⑤ 重复。

（3）胸外心脏压挤法：心搏停止，呼吸存在者，应立即作胸外心脏按压，口诀为：掌根下压不冲击，突然放松手不离；手腕略弯压一寸，一秒一次较适宜。

① 找准按压位置；

② 下压和放松；

③ 重复。

（4）两法同时并用：呼吸心跳均停止者，则应在人工呼吸的同时施行胸外心脏按压，以建立呼吸和循环，恢复全身器官的氧供应。现场抢救最好能两人分别施行口对口人工呼吸及胸外心脏按压，以 1：5 的比例进行，即人工呼吸 1 次，心脏按压 5 次。如现场抢救仅有 1 人，用 15：2 的比例进行胸外心脏按压和人工呼吸，即先作胸外心脏按压 15 次，再口对口人工呼吸 2 次，如此交替进行，抢救一定要坚持到底。

处理电击伤时，应注意有无其他损伤。如触电后弹离电源或自高空跌下，常并发颅脑外伤、血气胸、内脏破裂、四肢和骨盆骨折等。如有外伤、灼伤均需同时处理。

现场抢救中，不要随意移动伤员，若确需移动时，抢救中断时间不应超过 30s。移动伤员或将其送医院，抢救员除应使伤员平躺在担架或夹板上并在背部垫以平硬阔木板外，应继续抢救，心跳呼吸停止者要继续人工呼吸和胸外心脏按压，在医院医务人员未接替前救治不能中止。

4. 应急响应过程中的心理引导

（1）发现人员触电后，现场作业人员会比较慌乱，指挥员应镇定自若，有序展开应急响应程序，安抚疏散人员，同时需防止信息的误传，造成整个工地人员情绪波动。

对疏散的现场作业人员应派专员陪同他们，做好他们的心理辅导工作，舒缓他们的紧张状态。

（2）对伤者的处在现场的亲属要有专人陪同，特别是女亲属，要做好心理抚慰工作，避免情绪激动，大哭大闹，影响现场救治人员的正常思维和手段，并使伤者情绪上产生波动，不利于救治的开展。

（3）初期恢复后，伤员可能神志不清或精神恍惚、躁动，应设法使伤员安静；可以让与伤者关系好的人或亲属在旁边进行抚慰，使其安静，并应讲些鼓励的话，使伤者充满信心。

（4）复工后，要对施工人员再次进行交底，并把事故的详细情况进行通报，消除事故的阴影，说明只要遵守操作规程，时刻注意安全，就不会再次发生事故。增强作业人员对临时用电系统和设备安全性的信心。

（5）如触电者死亡，则要对与死者关系好的人员进行心理辅导，或劝其休息一段时间再上班；对直系亲属，除了进行心理辅导外，应想办法调出本施工现场，避免触景生情，造成其他的伤害。

二、观看视频及教师演示。

三、学生模仿训练。

四、救援操作考核。

填写表 1-3 救援操作考核表。

表 1-3　救援操作考核表

救援操作考核表	
学校	
班级	
姓名	

续表

救援操作考核表	
是否合格	
存在的问题	
如何解决	

学习活动四 工作总结与评价

 学习目标

1. 真实评价学生的学习情况。
2. 培养学生的语言表达能力。
3. 培养学生的自主学习能力。

 学习过程

一、学生自评,填写评价表（表 1-4）。

二、分组互评,填写评价表（表 1-4）。

表 1-4　评价表

序号	项目	自我评价			小组评价			教师评价		
		10～8	7～6	5～1	10～8	7～6	5～1	10～8	7～6	5～1
1	学习兴趣									
2	任务明确程度									
3	信息收集能力									
4	学习主动性									
5	承担工作表现									
6	协作精神									
7	时间观念									
8	工作效率与完成质量									
9	安装工艺规范程度									
10	创新能力									
	总评									

家庭照明线路安装与检修

三、教师点评。

1．整个任务完成过程中各组的缺点点评，改进方法点评。

2．整个活动完成中出现的亮点和不足。

项目二

书房一控一灯的安装

学习目标

1. 通过阅读"书房一控一灯的安装"工作任务单，明确个人任务要求。
2. 能识别导线、开关、灯等电工材料，识读电路原理图、施工图。
3. 根据施工图纸，勘查施工现场，会制定工作计划。
4. 正确使用常用电工工具，并根据任务要求和施工图纸，列举所需工具和材料清单，准备工具，领取材料。
5. 能按照作业规程应用必要的标识和隔离措施，准备现场工作环境。
6. 能按图纸、工艺要求、安装规程要求，进行施工。
7. 施工后，能按要求进行检查。
8. 按电工作业规程，作业完毕后能清点工具、人员，收集剩余材料，清理工程垃圾，拆除防护措施。
9. 能正确填写任务单的验收项目，并交付验收。
10.能对项目作出工作总结与评价。

工作情境

　　重庆某小区住户提出对书房安装一控一灯的需求，用户要求当天完成该项工作，安装公司同意接收该项工作任务，开出派工单并委派维修电工人员前往该小区作业，并按客户要求当天完成任务，把客户验收单交付公司。

工作流程

　　学习活动一：明确工作任务

学习活动二：信息收集
学习活动三：勘查施工现场
学习活动四：制定工作计划
学习活动五：现场施工
学习活动六：施工项目验收
学习活动七：工作总结与评价

学习活动一　明确工作任务

学习目标

1. 能够与客户沟通，填写派工单。
2. 能明确任务要求。

学习过程

请阅读派工单（图 2-1），并填写以下引导问题。

派工单

流水号：　　　　　　　　　20××-09-037

类别：水□　电□　暖□　土建□　其他□　　　　　日期：20××年9月6日

安装地点	南苑小区 10 栋 1 单元 408 房的书房		
安装项目	书房一控一灯的安装		
需求原因	在新改造的书房安装一盏 60W 白炽灯		
申报时间	20××年9月6日	完工时间	20××年9月7日
申报单位	10 栋 1 单元 408 房	安装单位	××班
验收意见		安装单位电话	69592222
验收人	李四	承办人	
申报人电话	69897777	承办人电话	
物业负责人	张三	物业负责人电话	6989666

图 2-1　派工单

引导问题：

1. 该项工作要求多长时间完成？＿＿＿＿＿＿＿＿＿＿＿＿＿＿＿＿＿＿＿

2. 该项工作具体内容是：＿＿＿＿＿＿＿＿＿＿＿＿＿＿＿＿＿＿＿＿＿＿

3. 该项任务交给你和同组人，你们的姓名签在何处？＿＿＿＿＿＿＿＿＿＿＿

4. 该项工作完成后交给谁验收？＿＿＿＿＿＿＿＿＿＿＿＿＿＿＿＿＿＿＿＿

5. 你认为验收人会给出什么意见？＿＿＿＿＿＿＿＿＿＿＿＿＿＿＿＿＿＿＿

学习活动二 信息收集

 学习目标

1. 能阅读分析工作页知识拓展内容。
2. 能根据现有资料回答相关问题。

 学习过程

一、电路基础及识读电路图

引导问题 1：你认为完成该项任务需要哪些材料？

_____

_____

引导问题 2：什么是电路？

_____

_____

引导问题 3：结合日常生活中常用的手电筒，阅读下面知识拓展的内容，请填写：一个完整的电路由_____、_____、_____、_____四部分构成。

 知识拓展

　　电路（electric circuit）：简单地说就是电流所流通的路径。它是由某些电气设备和元器件为实现能量的输送和转换，或实现信号的传递和处理而按一定方式组合起来的总体。

　　在日常生活中使用的手电筒是由干电池、电珠、导线（外壳导体）和开关等组成的，如图 2-2 所示。

图 2-2　手电筒

　　图中，电源（干电池）是将其他形式能（化学能）转换为电能的设备，它是提供电能的装置；负载（电珠）是将电能转换成其他形式能（光能）的设备和元件，它是消耗电能的装置；开关是控制电路接通和断开的器件，起控制电路的作用；导线是把电源与负载连接起来，起着输送和分配电能的作用。一个完整的电路是由电源、负载、连接导线、控制与保护装置四个基本部分组成的。

引导问题 4：请阅读下面知识拓展的内容，完成以下问题。

（1）根据你以前学过的知识，请将电流、电压、电阻之间的关系用公式表示出来。

_____

（2）已知 A 点的电位为 8V，B 点的电位为 23V，请问 A、B 两点之间的电压（电位差）为_____。

（3）25W 的灯泡正常工作多久才消耗 1 度电？

_____

_____

 知识拓展

1. 电流

电荷的定向移动形成电流。人们规定正电荷定向移动的方向为电流方向，金属导体中自由电子带负电。电流的符号用 I 表示，电流的基本单位是安培，简称安，符号为 A。常用的电流单位还有千安（kA）、毫安（mA）、微安（μA）等。

2. 电压

电压也称作电势差或电位差，是衡量单位电荷在静电场中由于电势不同所产生的能量差的物理量。电压的方向规定为从高电位指向低电位的方向。电压的符号用 U 表示，国际单位制为伏特（V），简称伏，常用的单位还有毫伏（mV）、微伏（μV）、千伏（kV）等。此概念与水位高低所造成的"水压"相似。需要指出的是，"电压"一词一般只用于电路当中，"电势差"和"电位差"则普遍应用于一切电现象当中。

3. 电位

电位也称电势，指处于电场中某个位置的单位电荷所具有的电势能。电势只有大小，没有方向，是标量，其数值不具有绝对意义，只具有相对意义。在电路中任选一个参考点，电路中某一点到参考点的电压就称为该点的电位。电位的符号用 V 表示，电位的单位也是伏特（V）。电路中任意两点之间的电压即为此两点之间的电位差，如 a、b 之间的电压可记为 $U_{ab} = V_a - V_b$。

4. 电能

电能是指电以各种形式做功（即产生能量）的能力。电能的符号用 W 表示，单位为焦耳（J），在实际应用中电能的另一个常用单位是千瓦时（kW·h），1 kW·h 就是我们常说的 1 度电。

$$1 \text{度} = 1 \text{ kW·h} = 3.6 \times 10^6 \text{J}$$

5. 电功率

电功率是指单位时间内电流所做的功，它是衡量电能转换为其他形式能量速率的物理量，用字母 P 表示。常用的电功率单位还有千瓦（kW）、毫瓦（mW）等。

引导问题 5：实际电路在应用过程中，有哪些基本状态？结合如图 2-3 所示实物电路图与知识拓展分析。

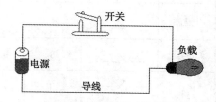

图 2-3　基本电路实物图

（1）开关断开，电路是＿＿＿＿＿＿状态；
（2）开关合上，电路是＿＿＿＿＿＿状态；
（3）用电时应避免＿＿＿＿＿状态。

 知识拓展

实际电路在应用过程中，可能处于通路、断路、短路三种不同的基本状态。

1. 通路

通路也称闭路，指电源提供的电流经过了负载，使负载正常工作。如图 2-3 中的开关接通状态。

2. 断路

断路也称开路，电流被切断，没有经过负载，负载不工作。如图 2-3 中的开关断开状态。

3. 短路

短路也称捷路。通路和断路两种状态在实际中是允许的，事实上开关的作用就是为了完成在通路与断路两种状态中转换，但短路是不允许的，短路是指电源（或信号源）提供的电流没有经过负载而直接构成回路，这实际上就是给电源（信号源）接上了最重的负载，处于最大的极限电流状态，这不但会损坏电源（信号源），还有可能引发导线过热燃烧。

引导问题 6：在实际应用中，实物描述电路虽然很形象，但往往不方便，通常用电路图来表示电路。在电路图中，各种电器元件都不需要画出原有的形状，而是采用统一规定的图形符号来表示，下表是常用电工图形符号。参照表 2-1，你能画出手电筒的电路图吗？

家庭照明线路安装与检修

表 2-1　常用电工电路符号表

名称	图形符号	文字符号	名称	图形符号	文字符号	名称	图形符号	文字符号
电池		E	电阻		R	电容器		C
电压源		U_s	可调电阻		R	可变电容		C
电流源		I_s	电位器		R_P	空心线圈		L
电动机		M	开关		S	铁心线圈		L
电流表		PA	电灯		EL	接地		GND
电压表		PV	保险丝		FU	导线 {连接 不连接}		

引导问题 7：请通过查找电路符号，画出"书房一控一灯"电路图。

引导问题 8：比较你画的手电筒的电路图和书房一控一灯的电路图，并在图中用笔圈出它们的不同之处。阅读以下知识拓展，你认为它们用的电源相同吗？书房一控一灯用的电源是_____。

知识拓展

1. 直流电

直流电（Direct Current，简称 DC），是指方向不随时间作周期性变化的电流，但电流大小可能不固定，而产生波形。恒定电流是直流电的一种，是大小和方向都不变的直流电。

2. 交流电

交流电（Alternating Current，简称为 AC），发明者是尼古拉·特斯拉（Nikola Tesla，1856 年～1943 年）。交流电也称"交变电流"，简称"交流"。一般指大小和方向随时间作周期性变化的电压或电流。

它的最基本的形式是正弦交流电。当前世界上的交流电供电的通用频率为 50Hz 和 60Hz 两种。我国和世界上大多数国家的交流电供电的标准频率规定为 50Hz，美国、加拿大、朝鲜、古巴等国家以及日本中部和西部地区为 60Hz。交流电随时间变化可以以多种多样的形式表现出来。不同表现形式的交流电其应用范围和产生的效果也是不同的。

我们常见的电灯、电动机等用的电都是交流电。在实用中，交流电用符号"～"表示。

3. 关于交流电的火线和零线

火线又称相线，它与零线共同组成供电为 220V 的回路。火线的电压是 220V，零线没有电压，火线是危险的，零线是相对安全的。

引导问题 9：请看图 2-4 并完成以下填空题。

（1）L 表示_____；N 表示_____。

（2）—⊗—表示_____；╱__表示_____。

（3）该电路中电源是_____电，电压为_____V。

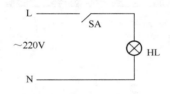

图 2-4　书房一控一灯图

引导问题 10：你认为零线、火线分别该接哪种颜色的线？请选择你认为正确的答案。

火（相）线接：□红　□蓝色

零线接：□红色　□蓝色

引导问题 11：请上网查找或查找相关书籍，回答下列问题：

（1）火（相）线颜色规定有哪些？_____

（2）零线颜色规定有哪些？_____

二、建筑识图

请阅读某住宅楼标准底层平面图，如图 2-5 所示。

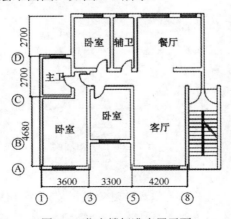

图 2-5　住宅楼标准底层平面

引导问题 12：

（1）在图上标出门窗位置。

（2）请说明该户型为_____。

（3）要改造一间卧室为书房，你认为选哪间卧室作为书房更合理？_____。

（4）试着用图示的方法在上题你选中的书房里标明灯和开关的合适位置。

引导问题 13：请阅读下面知识拓展部分的内容，并观察电气设备平面图，思考图中的开关应选择哪种类型？它的图形符号请在图 2-6 中标出。

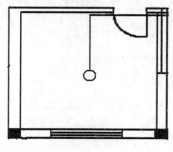

图 2-6　卧室平面图

 知识拓展

开关是接通或断开电路的器件，照明电路的开关一般称为灯开关。

开关的类型很多，一般分类方式如下：

● 按装置方式，可分为明装式：明线装置用；暗装式：暗线装置用；悬吊式：开关处于悬垂状态使用；附装式：装设于电气器具外壳。

● 按操作方法，分为跷板式、倒扳式、拉线式、按钮式、推移式、旋转式、触摸式和感应式。

● 按接通方式，可分为单联（单投、单极）、双联（双投、双极）、双控（间歇双投）和双路（同时接通二路）。现在市面上又出现了许多新型的开关，如触摸开关、声控开关、人体感应开关、红外线开关，这类新型开关的用途越来越广，给我们的工作和生活带来了极大的方便。

常见开关和插座如图 2-7 所示。

图 2-7　常见开关和插座

开关注意事项如下：

（1）在安装时一定要使火线而不是零线经过开关，以便在检修照明灯具时，可用开关切断电源，方便检修。否则，检修不方便，有触电的危险。

（2）安装高度要符合安全要求，墙边开关一般为 1.3～1.5 m，拉线开关一般为 2～3 m。常用电气设备在平面图上的图形符号见表 2-2。

表 2-2 常用电气设备在平面图上的图形符号

名称	图形符号	说明	名称	图形符号	说明
断路器			插座		
照明配电箱			开关		开关一般符号
单相插座		依次表示明装、暗装、密闭、防爆	单相三孔插座		依次表示明装、暗装、密闭、防爆
单极开关		依次表示明装、暗装、密闭、防爆	三相四孔插座		依次表示明装、暗装、密闭、防爆
双极开关		依次表示明装、暗装、密闭、防爆	三极开关		依次表示明装、暗装、密闭、防爆
多个插座		3 个	带开关插座		装一单极开关
单极拉线开关			灯		
单极双控拉线开关			荧光灯		单管或三管灯
双控开关		单相三线	吸顶灯		
带指示灯开关			壁灯		
多拉开关		用于不同照度	花灯		

引导问题 14：请阅读下列资料，回答以下问题：

白炽灯是爱迪生于 1879 年发明的。它由灯丝、玻璃壳、玻璃支架、引线、灯头等组成。灯丝用熔点高和不易蒸发的钨丝做成，小功率的灯泡内抽成真空，故当打破灯泡时，会发出爆炸性的巨响；大功率（大于 40W）的灯泡内抽成真空后充入惰性气体（氩气或氮气等），是为了防止钨丝氧化，使钨丝在高温时不易挥发，以便增加灯泡的寿命。

节能灯，又称为省电灯泡、电子灯泡、紧凑型荧光灯及一体式荧光灯，是指将荧光灯与镇流器（安定器）组合成一个整体的照明设备。人类生活除了水、空气、食物等必需用品之外，光一直影响人们的作息，一直过着日出而作，日落而息的生活。节能灯的尺寸与白炽灯相近，与灯座的接口也和白炽灯相同，所以可以直接替换白炽灯。节能灯的正式名称是稀土三基色紧凑型荧光灯，20世纪70年代诞生于荷兰的飞利浦公司。这种光源在达到同样光能输出的前提下，只需耗费普通白炽灯用电量的1/5至1/4，从而可以节约大量的照明电能和费用，因此被称为节能灯。

（1）以上提到的"40W"是指_____。

（2）对照你所领取的灯，记录下灯上的铭牌内容，并描述它们的含义。

_____

_____

（3）灯头的结构是插口式还是螺口式？_____

引导问题15：请在图2-8中选择出你所领取的灯座样式是_____。

知识拓展

灯座是供普通照明用白炽灯泡和气体放电灯管与电源连接的一种电气装置。以前习惯将灯座叫做灯头，自1967年国家制定了白炽灯灯座的标准后，全部改称灯座，而把灯泡上的金属头部叫做灯头。灯座的种类很多，分类方法也有多种。

（1）按与灯泡的连接方式，分为螺旋式（又称螺口式）和卡口式两种，这是灯座的首要特征分类。

（2）按安装方式分，则有悬吊式、平装式、管接式三种。

（3）按材料分，有胶木、瓷质和金属灯座。

（4）其他派生类型，有防雨式、安全式、带开关、带插座二分火、带插座三分火等多种。除白炽灯座外，还有荧光灯座（又叫日光灯座）、荧光灯启辉器座以及特定用途的橱窗灯座等。常用灯座如图2-8所示。

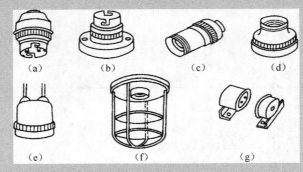

（a）插口吊灯座；（b）插口平灯座；（c）螺口吊灯座；（d）螺口平灯座；

（e）防水螺口吊灯座；（f）防水螺口平灯座；（g）安全荧光灯座

图2-8　常用灯座

学习活动三 勘查施工现场

学习目标

能根据施工图纸，勘查施工现场，取得必要的资料、数据。

学习过程

一、请带着电气设备平面图，到施工现场进行勘察。

引导问题

1. 书房的面积、形状、高度。

_____

2. 开关的安装位置、安装方式、安装高度。

_____

3. 灯座的安装位置、灯的高度。

_____

4. 灯座、开关、电源的位置关系及距离。

_____

5. 计算出所用导线的数量为：_____

6. 根据现场的状况，安装的难易程度，确定施工的时间。

_____

二、整理现场勘查的资料。

三、请阅读下面知识拓展部分的内容。

知识拓展

　　与客户确定了勘查安装现场的时间与地点后，准备好资料、名片，带好纸和笔，必要时带上照相机。

　　到达现场首先对现场的大概情况做一下了解，不要急于与客户见面，把现场环境大概记录一下，最好能及时出一份草图。

　　见了客户之后，先听客户介绍一下具体的情况，了解客户的具体需求，适当做笔录。客户讲完之后，可根据先前了解的情况，给客户做出一些合理性的建议。

学习活动四　制定工作计划

 学习目标

1. 能根据施工图纸，勘查施工现场，制定工作计划。
2. 能根据任务要求和施工图纸，列举所需工具和材料清单。
3. 能自行确定工作流程。

 学习过程

一、思考并回答以下问题。

引导问题

1. 安装需要的工具有哪些？

_____

_____

2. 安装需要的材料有哪些？

_____

_____

3. 安装的主要内容是什么？作为项目组的一员，你的个人任务是什么？

_____

_____

4. 施工图要求书房安装的是哪种灯？功率多大？工作电压是多少？

_____

_____

_____

 知识拓展

　　工作计划表：可以是表格的形式，也可以是流程图的形式或者文字的形式描述你对现场勘查的信息记录，并制定相应的工作计划。

　　计划的制订需要考虑如下问题：

　　（1）小组讨论人员的分工问题。

　　（2）确定完成任务的工作过程中使用到的电工工具的使用方法和安全注意事项、规程、工艺要求。

　　（3）制定施工具体步骤。

　　二、根据任务要求和施工图纸，列举所需工具和材料清单填在表 2-3 中。

表 2-3　工具和材料清单

序号	名称	数量
1		
2		
3		
4		
5		
6		
7		
8		
9		
10		
11		
12		
13		
14		

三、画出布局接线图。

四、确定工作流程。

　　拿你的计划和小组其他成员的计划比较，相互借鉴、组合、优化，通过讨论定出一个可行的完整计划，并按计划步骤填写如图 2-9 所示的工作流程图。（方框不够可以另加，有多可以留空白）

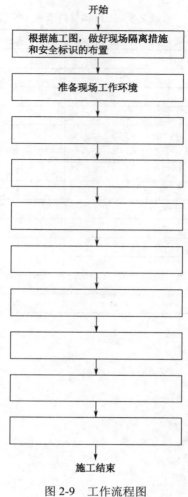

开始

根据施工图，做好现场隔离措施
和安全标识的布置

准备现场工作环境

施工结束

图 2-9　工作流程图

学习活动五　现场施工

 学习目标

1. 能按照作业规程应用必要的标识和隔离措施，准备现场工作环境。
2. 能按图纸、工艺要求、安装规程要求，进行护套线布线施工。
3. 施工后，能按施工任务书的要求进行检查。

 学习过程

一、施工准备

引导问题 1：上网或查阅《电业安全操作规程》《电工手册》《电气安装施工规范》等相关

资料。施工前要进行哪些必要的安全隔离措施？顺序是怎样的？

_____

_____

_____

引导问题2：施工前必要的安全标识挂于何处？其内容是什么？

_____

_____

_____

 知识拓展

安全标识牌实物如图2-10所示。

图2-10 安全标识牌

引导问题3：接线桩与导线应该如何连接才正确？有哪些连接要求？

_____

_____

_____

 知识拓展

1. 线头与平压式接线桩的连接

平压式接线螺钉利用半圆头、圆柱头或六角头螺钉加垫圈将线头压紧，完成电连接。如常用的开关、插座、普通灯头、吊线盒等。

对于载流量小的单芯导线，必须把线头弯成圆圈（俗称羊眼圈），羊眼圈弯曲的方向与螺钉旋紧方向一致，制作步骤如图2-11所示。

① 用尖嘴钳在离导线绝缘层根部约3mm处向外侧折角成90°，如图2-11（a）所示。

② 用尖嘴钳加持导线端口部按略大于螺钉直径弯曲圆弧，如图 2-11（b）所示。

③ 剪去芯线余端，如图 2-11（c）所示。

④ 修正圆圈至圆。把弯成的圆圈（俗称羊眼圈）套在螺钉上，圆圈上加合适的垫圈，拧紧螺钉，通过垫圈压紧导线，如图 2-11（d）所示。

⑤ 绝缘层剥切长度约为紧固螺钉直径的 3.5～4 倍，如图 2-11（e）所示。

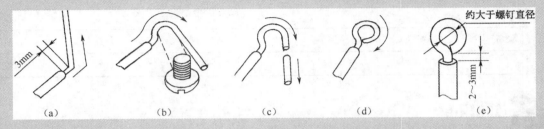

图 2-11　单股芯线连接方法

载流量较小的截面不超过 10mm² 的 7 股及以下导线的多股芯线，也可将线头制成压接圈，采用图 2-12 所示多股芯线压接圈的作法实现连接。

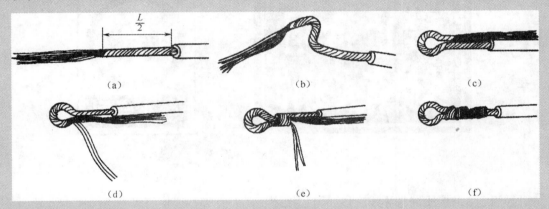

图 2-12　多股芯线压接圈的弯法

螺钉平压式接线桩的连接工艺要求是：压接圈的弯曲方向应与螺钉拧紧方向一致，连接前应清除压接圈、接线桩和垫圈上的氧化层，再将压接圈压在垫圈下面，用适当的力矩将螺丝拧紧，以保证良好的接触。压接时注意不得将导线绝缘层压入垫圈内。

对于载流量较大，截面超过 10mm² 或股数多于 7 股的导线端头，应安装接线端子。

2. 导线通过接线鼻与接线螺钉连接

接线鼻又称接线耳，俗称线鼻子或接线端子，是铜或铝接线片。对于大载流量的导线，如截面在 10mm² 以上的单股线或截面在 4mm² 以上的多股线，由于线粗，不易弯成压接圈，同时弯成圈的接触面会小于导线本身的截面，造成接触电阻增大，在传输大电流时产生高热，因而多采用接线鼻进行平压式螺钉连接。接线鼻的外形如图 2-13 所示，从 1A 到几百 A 有多种规格。

用接线鼻实现平压式螺钉连接的操作步骤如下：

① 根据导线载流量选择相应规格的接线鼻。

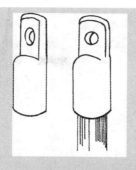 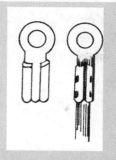

（a）用于粗导线　　（b）用于细导线

图 2-13　接线鼻外形

② 对没挂锡的接线鼻进行挂锡处理后，对导线线头和接线鼻进行锡焊连接。

③ 根据接线鼻的规格选择相应的圆柱头或六角头接线螺钉，穿过垫片、接线鼻，旋紧接线螺钉，将接线鼻固定，完成电连接，如图 2-14 所示。

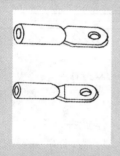  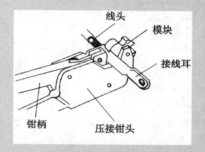

（a）大载流量接线耳和铜铝过渡接线耳　　（b）小载流量接线耳　　（c）导线与接线耳的压接方法

图 2-14　导线的压接

有的导线与接线鼻的连接还采用锡焊或钎焊。锡焊是将清洁好的铜线头放入铜接线端子的线孔内，然后用焊接的方法用焊料焊接到一起。铝接线端子与线头之间一般用压接钳压接，也可直接进行钎焊。有时为了导线接触性能更好，也常常采用先压接，后焊接的方法。

接线鼻应用较广泛，大载流量的电气设备，如电动机、变压器、电焊机等的引出接线都采用接线鼻连接；小载流量的家用电器、仪器仪表内部的接线也是通过小接线鼻来实现的。

3．线头与瓦形接线桩的连接

瓦形接线桩的垫圈为瓦形。压按时为了不致使线头从瓦形接线桩内滑出，压接前应先将已去除氧化层和污物的线头弯曲成 U 形，将导线端按紧固螺丝钉的直径加适当放量的长度剥去绝缘后，在其芯线根部留出约 3mm，用尖嘴钳向内弯成 U 形；然后修正 U 形圆弧，使 U 形长度为宽度的 1.5 倍，剪去多余线头，如图 2-15（a）所示。使螺钉从瓦形垫圈下穿过"U"形导线，旋紧螺钉，如图 2-15（b）所示。如果在接线桩上有两个线头连接，应将弯成 U 形的两个线头相重合，再卡入接线桩瓦形垫圈下方压紧，如图 2-15（c）所示。

4．线头与针孔式接线桩的连接

这种连接方法叫螺钉压接法。使用的是瓷接头或绝缘接头，又称接线桥或接线端子，它用瓷接头上接线柱的螺钉来实现导线的连接。瓷接头由电瓷材料制成的外壳和内装的接线柱组成。接线柱一般由铜质或钢质材料制作，又称针形接线桩，接线桩上有针形接线孔，两端各有一只压线螺钉。使用时，将需连接的铝导线或铜导线接头分别插入两端的针形接线孔，旋紧压线螺钉就完成了导线的连接。如图2-16所示是二路四眼瓷接头结构图。

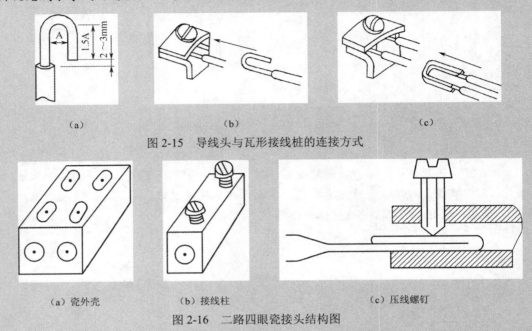

（a）　　　　　　　　　　　　　（b）　　　　　　　　　　　　　（c）

图2-15　导线头与瓦形接线桩的连接方式

（a）瓷外壳　　　　　　　（b）接线柱　　　　　　　（c）压线螺钉

图2-16　二路四眼瓷接头结构图

螺钉压接法适用于负荷较小的导线连接，优点是简单易行。其操作步骤如下：

① 如是单股芯线，且与接线桩头插线孔大小适宜，则把芯线线头插入针孔并旋紧螺钉即可，如图2-17所示。如单股芯线较细，则应把芯线线头折成双根，插入针孔再旋紧螺钉。

② 连接多股芯线时，先用钢丝钳将多股芯线进一步绞紧，以保证压接螺钉顶压时不致松散，如图2-18所示。

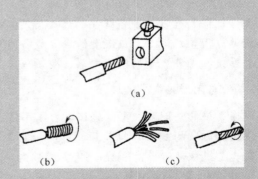

（a）

（b）　　　　　　　（c）

（a）针孔合适的连接；（b）针孔过大时线头的处理；（c）针孔过小时线头的处理

图2-17　单股芯线针孔式接线桩的连接　　　　　　图2-18　多股芯线与针孔式接线桩的连接

无论是单股还是多股芯线的线头，在插入针孔时应注意：一是注意插到底；二是不得使绝缘层进入针孔，针孔外的裸线头的长度不得超过 2mm；三是凡有两个压紧螺钉的，应先拧紧近孔口的一个，再拧紧近孔底的一个，如图2-19所示。

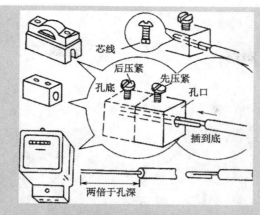

图 2-19　针孔式接线桩连接要求和连接方法示意

引导问题 4：请阅读下面知识拓展部分，找出导线有哪些连接方式？

_____

_____

_____

 知识拓展

一、导线的剖削

导线绝缘层的剖削工具有电工刀、钢丝钳、剥线钳。

1. 塑料硬线绝缘层的剖削

（1）线芯截面为 $4mm^2$ 及以下的塑料硬线用钢丝钳剖削塑料硬线绝缘层，如图 2-20 所示。

① 用左手捏住导线，在需剖削线头处，用钢丝钳刀口轻轻切破绝缘层，但不可切伤线芯。

② 用左手拉紧导线，右手握住钢丝钳头部用力向外勒去塑料层。

注意：在勒去塑料层时，不可在钢丝钳刀口处加剪切力，否则会切伤线芯。剖削出的线芯应保持完整无损，如有损伤，应剪断后，重新剖削。

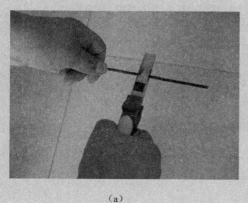

（a）

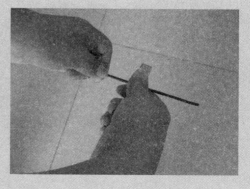

（b）

图 2-20　钢丝钳剖削塑料硬线绝缘层

（2）线芯面积大于 4mm² 的塑料硬线用电工刀剖削塑料硬线绝缘层。如图 2-21 所示。

① 在需剖削线头处，用电工刀以 45° 角倾斜切入塑料绝缘层，注意刀口不能伤着线芯。

② 刀面与导线保持 25° 角左右，用刀向线端推削，只削去上面一层塑料绝缘，不可切入线芯。

③ 将余下的线头绝缘层向后扳翻，把该绝缘层剥离线芯，再用电工刀切齐。

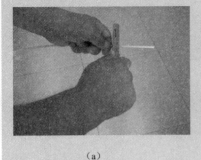  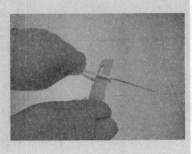

（a）　　　　　　　　　　　（b）　　　　　　　　　　　（c）

图 2-21　电工刀剖削塑料硬线绝缘层

2. 塑料软线绝缘层的剖削

塑料软线绝缘层用剥线钳或钢丝钳剖削。用钢丝钳剖削的剖削方法与用钢丝钳剖削塑料硬线绝缘层方法相同；用剥线钳剖削方法见剥线钳的使用。不可用电工刀剖削，因为塑料软线由多股铜丝组成，用电工刀容易损伤线芯。

3. 塑料护套线绝缘层的剖削

塑料护套线绝缘层用电工刀剖削。塑料护套线具有两层绝缘：护套层和每根线芯的绝缘层，如图 2-22 所示。

（1）在线头所需长度处，用电工刀刀尖对准护套线中间线芯缝隙处划开护套层，不可切入线芯。

（2）向后扳翻护套层，用电工刀把它齐根切去。

（3）在距离护套层 5～10mm 处，用电工刀以 45° 角倾斜切入内部各绝缘层，其剖削方法与塑料硬线剖削方法相同。

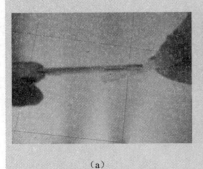 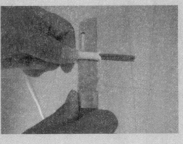 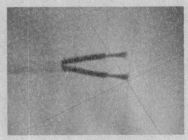

（a）　　　　　　　　　　　（b）　　　　　　　　　　　（c）

图 2-22　电工刀剖削塑料护套线绝缘层

二、单股铜芯导线的连接

1. 单股铜芯导线的"一字型"连接（如图 2-23 所示）

（1）剖削绝缘层，把两线头的芯线成 X 形相交，互相绞接 2～3 圈。

（2）扳直两线头。

（3）两线端分别紧密向芯线上缠绕 6～8 圈，用钢丝钳切去多余的芯线，钳平切口。

（4）用绝缘胶布缠好。

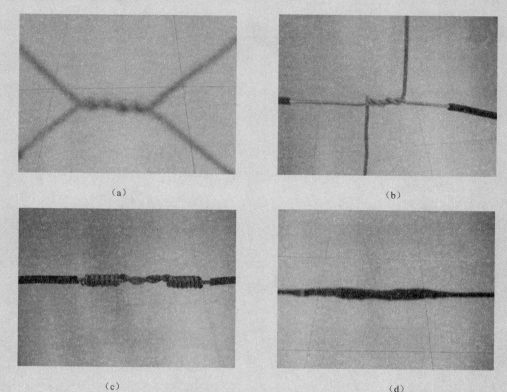

(a)　　　　　　　　　　　　　　　　　　(b)

(c)　　　　　　　　　　　　　　　　　　(d)

图 2-23　单股铜芯线的"一字型"连接

2. 单股铜芯线的"T 字型"连接（如图 2-24 所示）

（1）将分支芯线的线头与干芯线十字相交，使支路芯线根部留出 3～5mm。

（2）然后按顺时针方向在干线缠绕一圈，再环绕成结状，收紧线端向干线缠绕 6～8 圈，用钢丝钳切去余下的芯线，并钳平芯线末端。

注意：如果连接导线截面较大，两芯线十字相交后，直接在干线上紧密缠 8 圈剪去余线即可。

（3）用绝缘胶布缠好。

三、多股铜芯导线的连接

1. 七股铜芯导线的直线连接方法（如图 2-25 所示）

（1）先将剥去绝缘层的芯线头散开并拉直，再把靠近绝缘层 1/3 线段的芯线绞紧，然后把余下的 2/3 芯线头按图 2-25（a）所示分散成伞状，并将每根芯线拉直。

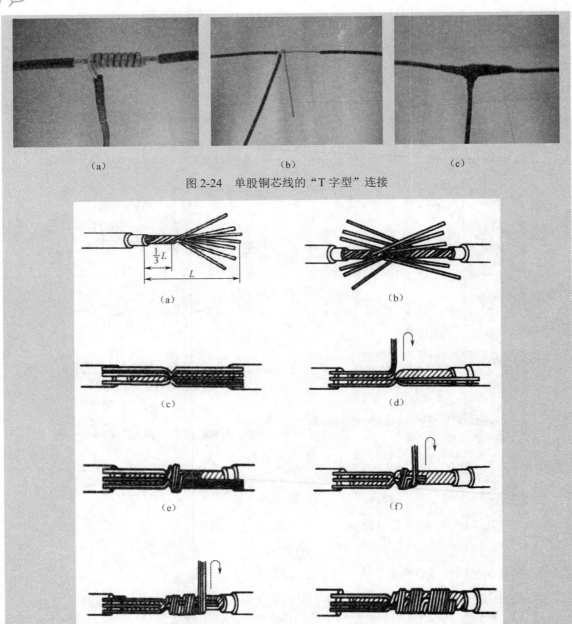

图2-24　单股铜芯线的"T字型"连接

图2-25　七股铜芯导线的直线连接方法

（2）把两伞骨状线端隔根对叉，必须相对插到底。

（3）捏平叉入后的两侧所有芯线，并应理直每股芯线和使每股芯线的间隔均匀；同时用钢丝钳钳紧叉口处消除空隙。

（4）先在一端把邻近两股芯线在距叉口中线约3根单股芯线直径宽度处折起，并成90°。

（5）接着把这两股芯线按顺时针方向紧缠2圈后，再折回90°并平卧在折起前的轴线位置上。

（6）接着把处于紧挨平卧前邻近的2根芯线折成90°，并按步骤（5）方法加工。

（7）把余下的 3 根芯线按步骤（5）方法缠绕至第 2 圈时，把前 4 根芯线在根部分别切断，并钳平；接着把 3 根芯线缠足 3 圈，然后剪去余端，钳平切口不留毛刺。

（8）另一侧按步骤（4）～（7）方法进行加工。

2. 七股铜芯导线的"T 字型"连接（图 2-26）

（1）将分支芯线散开并拉直，再把紧靠绝缘层 1/8 线段的芯线绞紧，把剩余 7/8 的芯线分成两组，一组 4 根，另一组 3 根，排齐。用旋凿把干线的芯线撬开分为两组，再把支线中 4 根芯线的一组插入干线芯线中间，而把 3 根芯线的一组放在干线芯线的前面。

（2）把 3 根线芯的一组在干线右边按顺时针方向紧紧缠绕 3～4 圈，并钳平线端；把 4 根芯线的一组在干线的左边按逆时针方向缠绕 4～5 圈。

（3）钳平线端。

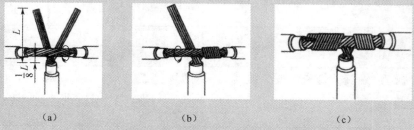

（a）　　　　　　　　（b）　　　　　　　　（c）

图 2-26　七股铜芯导线的"T"字形连接方法

四、导线绝缘层的恢复

导线绝缘层破损或导线连接后都要恢复绝缘，恢复后的绝缘强度不应低于原有的绝缘层。恢复绝缘层的材料一般用黄蜡带、涤纶薄膜带、塑料带和黑胶带等。黄蜡带或黑胶带通常选用带宽为 20mm 规格的，这样包缠较方便。

1. 绝缘带的包缠

（1）先用黄蜡带（或涤纶带）从离切口两根带宽（约 40mm）处的绝缘层上开始包缠，如图 2-27（a）所示。缠绕时采用斜叠法，黄蜡带与导线保持约 55°的倾斜角，每圈压叠带宽的 1/2，如图 2-27（b）所示。

（2）包缠一层黄蜡带后，将黑胶带接于黄蜡带的尾端，以同样的斜叠法向另一方向包缠一层黑胶带，如图 2-27（c）和（d）所示。

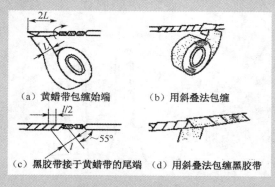

（a）黄蜡带包缠始端　　　　　　（b）用斜叠法包缠

（c）黑胶带接于黄蜡带的尾端　　（d）用斜叠法包缠黑胶带

图 2-27　绝缘带的包缠

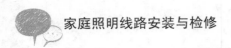

2. 注意事项

（1）电压为 380V 的线路恢复绝缘时，可先用黄蜡带用斜叠法紧缠两层，再用黑胶带缠绕1～2 层。

（2）包缠绝缘带时，不能过疏，更不允许露出线芯，以免造成事故。

（3）包缠时绝缘带要拉紧，要包缠紧密、坚实，并粘在一起，以免潮气侵入。

引导问题 5：白炽灯的安装有哪些要求？

_____

_____

引导问题 6：照明开关的安装工艺要求有哪些？

_____

_____

引导问题 7：螺旋式灯座的安装接线要求有哪些？

_____

_____

_____

 知识拓展

一般电气线路安装都要有悬挂体或支撑体，要先固定好悬挂体，再固定设备。用膨胀螺栓和木台固定是目前最简单、最方便的固定设备的方法。

在砖或混凝土结构上安装线路和电气装置，常用膨胀螺栓来固定。与预埋铁件施工方法相比，其优点是简单方便，省去了预埋件的工序。膨胀螺栓按所用胀管的材料不同，可分为钢制膨胀螺栓和塑料膨胀螺栓两种。

1. 钢制膨胀螺栓

这种螺栓也简称膨胀螺栓，它由金属胀管、锥形螺栓、垫圈、弹簧垫、螺母等五部分组成，如图 2-28 所示。

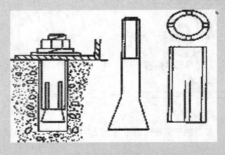

图 2-28　钢制膨胀螺栓

在安装前必须先钻孔或打孔，孔的直径和长度应分别与膨胀螺栓的外径和长度相同，安装时均不需水泥砂浆预埋。

安装膨胀螺栓时，先将压紧螺帽另一端嵌进墙孔内，然后用锤子轻轻敲打，使其螺栓的螺帽内缘与墙面平齐，用扳手拧紧螺帽，螺栓和螺帽就会一面拧紧，一面胀开外壳的接触片，使它挤压在孔壁上，直至将整个膨胀螺栓紧固在安装孔内，螺栓和电气设备就一起被紧固。常用的膨胀螺栓有 M6、M8、M10、M12、M16 等规格。

2. 塑料膨胀螺栓

塑料膨胀螺栓又称塑料胀管、塑料塞、塑料榫，由胀管和木螺钉组成。胀管通常用乙烯、聚丙烯等材料制成。安装纤维填料式膨胀螺栓时，只要将它的套筒嵌进钻好的或打好的墙孔中，再把电气设备通过螺钉拧到纤维填料中，即可把膨胀螺栓的套筒胀紧，使电气设备固定。塑料膨胀螺栓的外形有多种，常见的有两种，如图 2-29 所示，其中甲型应用得比较多。

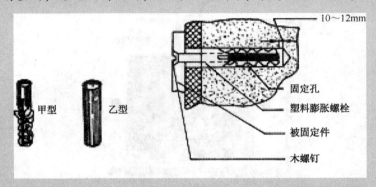

图 2-29 塑料膨胀螺栓

3. 螺口平灯座的安装

平灯座应安装在已固定好的塑料台（接线盒）上。平灯座上有两个接线桩，一个与电源中性线连接，另一个与来自开关的一根线（开关控制的相线）连接。卡口平灯座上的两个接线桩可任意连接上述的两个线头，而对螺口平灯座有严格的规定：必须把来自开关的线头连接在连通中心弹簧片的接线桩上，电源中性线的线头连接在连通螺纹圈的接线桩上，如图 2-30 所示。

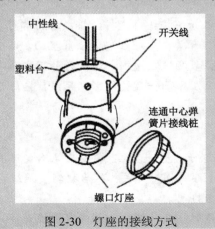

图 2-30 灯座的接线方式

引导问题 8：你知道你领取的单控开关应该如何接线吗？请观察如图 2-31 所示的接线方式，并回答开关能接在零线上吗？为什么？

_____

_____

_____

_____

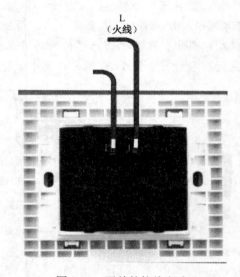

图 2-31　开关的接线方式

 **知识拓展**

1. 照明开关的安装

开关的安装分明装和暗装，明装是将开关底盒固定在安装位置的表面上，将两根开关线的线头绝缘层剥去，然后分别插入开关接线桩，拧紧接线螺钉即可。

暗装是事先已将导线暗敷，开关底盒埋在安装位置里面。暗开关的安装方法如图 2-32 所示，先将开关盒按图纸要求的位置预埋在墙内，埋设时可用水泥砂浆填充，但要填平整，不能偏斜。开关盒口面应与墙的粉刷层平面一致。待穿完导线，接好开关接线桩，即可将开关用螺钉固定在开关盒上。

2. 单联开关的安装

开关明装时也要装在已固定好的塑料台上，将穿出木台的两根导线（一根为电源相线，一根为开关线）穿入开关的两个孔眼，固定开关，然后把剥去绝缘层的两个线头分别接到开关的两个接线桩上，最后装上开关盖即可。

单联开关控制一盏灯，接线时，开关应接在相线（俗称火线）上，使开关断开后，灯头上没有电，以确保安全。

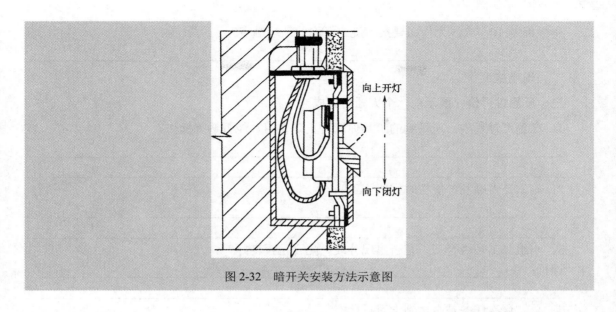

图 2-32 暗开关安装方法示意图

引导问题 9：开关离地面的安装高度有什么规定？

_____

_____

_____

 知识拓展

◆ **灯具、开关等安装的基本要求**

（1）灯具的安装高度：一般室内安装不低于 1.8m，在危险潮湿场所安装则不能低于 2.5m，当难以达到上述要求时，应采取相应的保护措施或改用 36V 低压供电。

（2）室内照明开关一般安装在门边便于操作的位置上。拉线开关安装的高度一般离地 2～3m，扳把开关一般离地 1.3～1.5m，与门框的距离一般为 0.15～0.20m。

（3）明插座的安装高度一般离地 1.3～1.5m，暗插座一般离地 0.3m。同一场所安装高度应一致，其高度差不应大于 5mm，成排咬装的插座高度差不应大于 2mm。

（4）固定灯具需用接线盒及木台等配件。安装木台前应预埋木台固定件或采用膨胀螺栓。安装时，应先按照器具安装位置钻孔，并锯好线槽（明配线时），然后将导线从木台出线孔穿出后，再固定木台，最后安装挂线盒或灯具。

（5）采用螺口灯座时，为避免人身触电，应将相线（即开关控制的火线）接入螺口内的中心弹簧片上，零线接入螺旋部分。

（6）吊灯灯具超过 3kg 时，应预埋吊钩或螺栓。软线吊灯的重量限于 1kg 以下，超过时应加装吊链。

（7）照明装置的接线必须牢固，接触良好，接线时，相线和零线要严格区别，将零线接到灯头上，相线须经过开关再接到灯头。

引导问题10：火线为什么要接螺旋式灯泡的顶端触点？

_____

二、现场施工

三、反思性评价（展示前，个人独自完成）

1．在施工过程中，所用到的工具你能否正确使用？能否熟练操作？

_____

2．施工是否顺利？能按时完成施工吗？

_____

3．小组分工是否合理？有否出现分歧？配合是否良好？

评价：_____

4．总结这次任务是否达到学习目标？

评价：_____

5．有哪些地方需要在今后的学习任务中改良？

评价：_____

学习活动六　施工项目验收

学习目标

1．施工后，能按施工任务书的要求进行检查。
2．能用万用表进行通电前安全检查。
3．按电工作业规程，作业完毕后能清点工具、人员，收集剩余材料，清理工程垃圾，拆除防护措施。
4．能正确填写任务单的验收项目，并交付验收。

学习过程

一、通电前的检查

引导问题1：安装完成后如何检查线路？请阅读以下资料后回答。

_____

_____

 知识拓展

万用表又称为复用表、多用表、三用表、繁用表等，是电力电子等部门不可缺少的测量仪表，一般以测量电压、电流和电阻为主要目的。万用表按显示方式分为指针万用表和数字万用表，是一种多功能、多量程的测量仪表。一般万用表可测量直流电流、直流电压、交流电流、交流电压、电阻和音频电平等，有的还可以测交流电流电容量、电感量及半导体的一些参数（如β）等。

一、指针式万用表的组成

指针式万用表如图 2-33 所示。

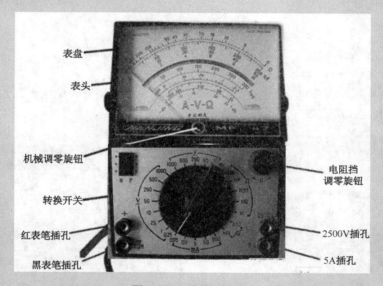

图 2-33　万用表的组成

二、指针式万用表的刻度盘与挡位

如图 2-34 所示为万用表刻度盘，如图 2-35 所示为万用表挡位。

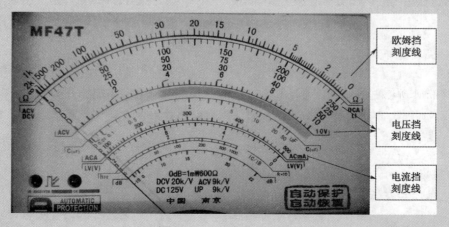

图 2-34　万用表的刻度盘

图 2-35　万用表的挡位

三、欧姆挡的使用

1. 测量前的准备

（1）上好电池（注意电池正负极）。

（2）插好表笔："＋"插红笔；"—"插黑笔。

（3）机械调零：观察万用表指针是否指在左边无穷大处位置（视线垂直）。如果没有，则进行调节，如图 2-36 所示。

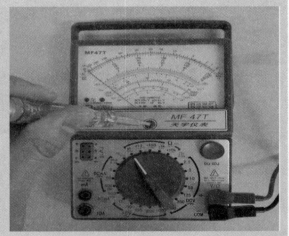

图 2-36　万用表的机械调零

（4）量程的选择。

第一步：试测。

先粗略估计所测电阻阻值，再选择合适量程。如果被测电阻不能估计其值，一般情况是将开关拨在 RX100 或 RX1K 的位置进行初测，然后看指针是否停在中线附近，如果是，说明挡位合适。

第二步：选择正确挡位。

（5）欧姆调零。

量程选准以后在正式测量之前必须调零，否则测量值有误差。

方法：将红黑两笔短接，看指针是否指在零刻度位置，如果没有，调节欧姆调零旋钮，使其指在零刻度位置，如图 2-37 所示。

图 2-37 万用表的欧姆调零

2．测量方法

万用表两表笔分别接触被测电阻，欧姆挡也可以用来测量电路的通断，将红黑表笔接触导线两端，观察指针是否偏转，如偏转，说明此路通。

3．读数

阻值=刻度值×倍率。

4．挡位复位

将挡位开关打在 OFF 位置或打在交流电压 1000V 挡。

四、用万用表测量电压

1．测量方法

将挡位扳至对应电量，测量直流电压时，红表笔接正极，黑表笔接负极。如果测量交流电压，红黑表笔不分正负。

2．读数

测量值=刻度值×倍率。

3．挡位复位

将挡位开关打在 OFF 位置或打在交流电压 1000V 挡。

完成施工后，学生对照自己的成果进行直观检查，学生自己完成"自检"部分内容，同时也可以由老师安排其他同学（同组或别组同学）进行"互检"，并填写表 2-4。

表 2-4 检查表

项目	自检		互检	
	合格	不合格	合格	不合格
按照电路图进行敷设				
电源开关控制的是相线				

续表

项目	自检		互检	
	合格	不合格	合格	不合格
各器件固定的牢固性				
相线、零线选择的颜色是否用对				
接线桩处工艺（有反圈、毛刺、漏铜过多为不合格）				
线卡是否牢固				
线卡距离是否合理				
灯、开关的安装高度				
各部分位置、尺寸				
接线端子可靠性				
维修预留长度				
导线绝缘的损坏				
接线的正确性				
护套线的布线工艺性				
美观协调性				

二、整理清扫

知识拓展

1. 工程验收时，应对下列项目进行检查

（1）开关安装正确，动作正常。

（2）电器、设备的安装固定应牢固、平正。

（3）电器通电试验、灯具试亮及灯具控制性能良好。

（4）关、插座、终端盒等器件外观良好，绝缘器件无裂纹，安装牢固、平整，安装方法得当。

2. 工程交接验收时，宜向住户提交下列资料

（1）配线竣工图，图中应标明暗管走向（包括高度）、导线截面积和规格型号。

（2）开关、灯具、电气设备的安装使用说明书、合格证、保修卡等。

学习活动七　工作总结与评价

学习目标

1. 真实评价学生的学习情况。

2．培养学生的语言表达能力。

3．展示学生学习成果，树立学生学习信心。

 学习过程

一、成果展示

同学们以小组形式，通过演示文稿、展板、海报、录像等形式，向全班展示、汇报学习成果。

提示展示内容可以有：

（1）通过书房一控一灯的安装过程学到了什么（专业技能和技能之外的东西）？

（2）展示你最终完成的成果并说明它的优点。

（3）安装质量存在问题吗？若有问题是什么问题？什么原因导致的？下次该如何避免？

（4）讨论你组的成果以什么形式展示？

二、进行评价

其他组对展示小组的过程及结果进行相应的评价，完成表 2-5 评价表一的内容；本人、本组组长和教师完成表 2-6 评价内容（其中本组组长完成"小组评价"，本人完成"自我评价"，教师完成"教师评价"内容）。

表 2-5　评价表一

组号	参加展示人数	评　价		小组优良排序
		语言表达最好的学生	展示中表现最好的学生	
1				
2				
3				
4				

表 2-6　评价表二

序号	项目	自我评价			小组评价			教师评价		
		10~8	7~6	5~1	10~8	7~6	5~1	10~8	7~6	5~1
1	学习兴趣									
2	任务明确程度									
3	信息收集能力									
4	学习主动性									
5	承担工作表现									
6	协作精神									
7	时间观念									
8	工作效率与完成质量									
9	安装工艺规范程度									
10	创新能力									
	总评									

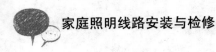

三、教师点评

1. 找出各组的优点并进行点评。
2. 对整个任务完成过程中各组的不足进行点评，提出改进方法。
3. 总结整个活动完成中出现的亮点和不足。

项目三

室内日光灯的安装

学习目标

1. 通过阅读"室内日光灯的安装"工作任务单，明确个人任务要求。
2. 了解日光灯自感现象的发生过程，识读日光灯原理图、接线图。
3. 根据接线图，勘查施工现场，制定工作计划。
4. 正确使用电工常用工具，并根据任务要求和施工图纸，列举所需工具和材料清单，准备工具，领取材料。
5. 能按照作业规程应用必要的标识和隔离措施，准备现场工作环境。
6. 能按图纸、工艺要求、安装规程要求，进行施工。
7. 施工后，能按要求进行检查。
8. 按电工作业规程，作业完毕后能清点工具、人员，收集剩余材料，清理工程垃圾，拆除防护措施。
9. 能正确填写任务单的验收项目，并交付验收。
10.能对项目作出工作总结与评价。

工作情境

重庆某公租房小区一单间配套住户王先生提出对房间安装日光灯的需求，用户要求当天完成该项工作，安装公司同意接收该项工作任务，开出派工单并委派维修电工人员前往该小区作业，并按客户要求当天完成任务，把客户验收单交付公司。

工作流程

学习活动一：明确工作任务

家庭照明线路安装与检修

学习活动二：信息收集
学习活动三：勘查施工现场
学习活动四：制定工作计划
学习活动五：现场施工
学习活动六：施工项目验收
学习活动七：工作总结与评价

学习活动一　明确工作任务

学习目标

1. 能够与客户沟通，填写派工单。
2. 能明确任务要求。

学习过程

请阅读派工单（图 3-1），并填写以下引导问题。

派工单

流水号：		20××-10-047		
类别：水□　电□　暖□　土建□　其他□			日期：20××年10月29日	
安装地点	阳光小区 2 栋 1 单元 504 房的房间			
安装项目	日光灯的安装			
需求原因	为节省开支、方便照明			
申报时间	20××年10月29日	完工时间	20××年10月30日	
申报单位	2 栋 1 单元 504 房	安装单位	××班	
验收意见		安装单位电话	6959222	
验收人	王五	承办人		
申报人电话	8349277	承办人电话		
物业负责人	周维	物业负责人电话	7456237	744562337 69896666

图 3-1　派工单

引导问题：
1. 该项工作要求多长时间完成？ _____
2. 该项工作具体内容是：_____
3. 你是否见过日光灯照明？它与其他电灯照明有何区别？ _____
4. 如果要完成该项任务你认为最难的地方是什么？ _____

056

学习活动二 信息收集

学习目标

1. 能阅读分析工作页知识拓展内容。
2. 能根据现有资料回答相关问题。

学习过程

电路基础及识读电路图。

引导问题1：你认为日光灯由哪几部分构成？并简单说明每部分的作用。

_____

_____

_____

知识拓展

日光灯电路由日光灯管、镇流器、启辉器、灯座和支架等部分构成。而日光灯管由灯脚、灯头、灯丝、玻璃管、氩气、银光粉等构成，其结构如图3-2所示。日光灯要正常启动要求起辉电压为300～700V，而正常工作时，电压要求相对启动时较低，如40W灯管工作电压为100V左右。

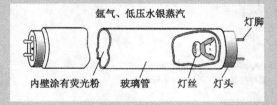

图3-2 日光灯的构成

镇流器又称限流器，是一个带有铁芯的电感线圈，其结构和外形如图3-3所示。它在电路中的作用有两个，一是在灯管启辉瞬间产生一个比电源电压高得多的自感电压帮助灯管启辉；二是灯管工作时限制通过灯管的电流过大而烧毁灯丝。

启辉器：由一个启辉管（氖泡）和一个小容量电容组成，其外形如图3-4所示。氖泡内充有氖气，并装有两个电极，一个是固定的静触片，另一个是用膨胀系数不同的双金属片制成的倒"U"形可动的动触片。启辉器在电路中起自动开关作用。电容是防止灯管启辉时对无线电接收机产生干扰。

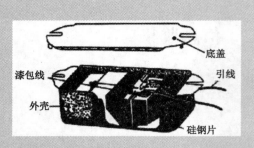

（a）镇流器的结构 （b）镇流器的外形

图 3-3 镇流器

（a）启辉器的结构 （b）启辉器外形

图 3-4 启辉器

启辉器在电路中的工作过程如图 3-5 所示。

灯座是用来固定日光灯的，分为插入式和开启式两种，如图 3-6 所示。

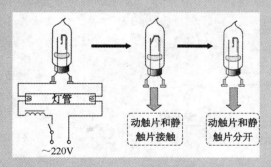 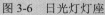

图 3-5 启辉器工作过程 图 3-6 日光灯灯座

日光灯支架如图 3-7 所示。

图 3-7 日光灯支架

引导问题2：请你完成下面填空题。

日光灯工作过程：

启辉阶段：接通电源➡电源电压加在_____之间➡触片之间产生辉光放电➡两触片_____，电路接通➡辉光放电停止后➡双金属片冷却收缩，与静触片_____➡镇流器产生_____➡灯管内水银蒸气弧光放电➡辐射出紫外线发出_____光。

知识拓展

日光灯的工作过程

（1）开关闭合，启辉器的动、静触片先接通，后分离。

开关闭合时，电源将电压加在启辉器两极间，使氖气放电发出辉光，辉光产生热量使U形动触片膨胀伸长，与静触片接通。于是在镇流器线圈和灯管的灯丝间有电流通过。电路接通后，启辉器的氖气停止放电，U形动触片冷却收缩，两触片分离，电路自动断开。

（2）启辉器的动、静触片分离的瞬间，镇流器由于自感产生一个瞬时高压并与电源电压一起加在灯管的两灯丝间，使灯管中的汞蒸气导电，气体导电时发出的紫外线，使涂在管壁的荧光粉发出柔和的可见光。

（3）日光灯启动后，镇流器由于自感作用使加在灯管上的电压低于电源电压，使灯管正常工作。

日光灯点燃后，只允许通过不大的电流。由于灯管正常工作时，因为是气体导电，电阻小，故要求加在灯管两端的电压不能太大（低于电源电压220V）。日光灯用交变电源供电，正常工作时，在镇流器中产生自感电动势阻碍电流变化，镇流器等效于一个大电阻与一个小电阻（灯管）串联在220V的电源电压两端，使灯管两端所加的电压较小而正常工作，如图3-8所示。

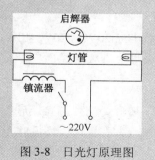

图3-8 日光灯原理图

引导问题3：日光灯的工作原理是利用了_____现象。它是一种特殊的电磁感应现象，是由于导体本身电流发生变化使其自身产生感应电动势的电磁感应现象。

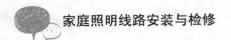 家庭照明线路安装与检修

 知识拓展

自感现象（self-induction phenomenon）是一种特殊的电磁感应现象，它是由于导体本身电流变化而引起的。流过线圈的电流发生变化，导致穿过线圈的磁通量发生变化而产生的自感电动势，总是阻碍线圈中原来电流的变化，当原来电流在增大时，自感电动势与原来电流方向相反；当原来电流减小时，自感电动势与原来电流方向相同。因此，"自感"简单地说，由于导体本身的电流发生变化而产生的电磁感应现象，叫做自感现象。

引导问题4：常见的日光灯有哪些？

_____

_____

 **知识拓展**

日光灯的分类

日光灯按型号分为传统型和无极型。常见的传统型日光灯（也称荧光灯）有以下几种。

1．直管型荧光灯

这种荧光灯属双端荧光灯，如图3-9（a）所示。常见标称功率有4W、6W、8W、12W、15W、20W、30W、36W、40W、65W、80W、85W和125W。管径用T5、T8、T10、T12。灯头用G5、G13。T5显色指数>30，显色性好，对色彩丰富的物品及环境有比较理想的照明效果，光衰小，寿命长，平均寿命达10000小时，适用于服装、百货、超级市场、食品、水果、图片、展示窗等色彩绚丽的场合使用。T8色光、亮度、节能、寿命都较佳，适合宾馆、办公室、商店、医院、图书馆及家庭等色彩朴素但要求亮度高的场合使用。

2．彩色直管型荧光灯

如图3-9（b）所示，常见标称功率有20W、30W、40W。管径用T4、T5、T8。灯头用G5、G13。彩色荧光灯的光通量较低，适用于商店橱窗、广告或类似场所的装饰和色彩显示。

3．环形荧光灯

如图3-9（c）所示，除形状外，环形荧光灯与直管形荧光灯没有太大差别。常见标称功率有22W、32W、40W。灯头用G10q。主要提供给吸顶灯、吊灯等作配套光源，供家庭、商场等照明用。

4．单端紧凑型节能荧光灯

如图3-9（d）所示，这种荧光灯的灯管、镇流器和灯头紧密地连成一体（镇流器放在灯头内），除了破坏性打击，无法把它们拆卸，故被称为"紧凑型"荧光灯。

（a）直管型荧光灯

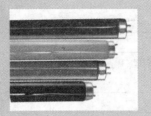
（b）彩色直管型荧光灯

（c）环形荧光灯

（d）单端紧凑型节能荧光灯

图 3-9　日光灯的种类

5. 无极型荧光灯

无极荧光灯即无极灯，它取消了对传统荧光灯的灯丝和电极，利用电磁耦合的原理，使汞原子从原始状态激发成激发态，其发光原理和传统荧光灯相似，有寿命长、光效高、显色性好等优点。

无极荧光灯由高频发生器、耦合器和灯泡三部分组成。它是通过高频发生器的电磁场以感应的方式耦合到灯内，使灯泡内的气体雪崩电离，形成等离子体。等离子受激原子返回基态时辐射出紫外线。灯泡内壁的荧光粉受到紫外线激发产生可见光。

图 3-10　无极型荧光灯

学习活动三　勘查施工现场

学习目标

能根据施工图纸，勘查施工现场，取得必要的资料、数据。

学习过程

请带着电气设备平面图，到施工现场进行勘察，回答以下引导问题。

1. 房间的面积、形状、高度。

_____

2. 开关的安装位置、安装方式、安装高度。

_____

3. 日光灯的安装位置、安装方式、灯的高度。

_____

4. 灯座、开关、电源的位置关系及距离。

_____

5. 计算出所用导线的数量为_____
6. 根据现场的状况，安装的难易程度，确定施工的时间。

_____
_____

 知识拓展

日光灯的安装方式

日光灯的安装方式有吊顶嵌入式、悬吊式和直接安装式，如图 3-11 所示。

（a）吊顶嵌入式　　　　　（b）悬吊式　　　　　（c）直接安装式

图 3-11　日光灯的安装方式

　　（1）灯具应安装在通风良好、少粉尘、周围无腐蚀性气体及可燃易爆物品的室内外场所。电源电压允许在额定电压的-20%～+20%范围内波动，超出范围会影响点灯技术参数，过高电压可能烧毁电子镇流器。

　　（2）不同型号的无极荧光灯灯泡，只能与其相匹配的同功率电子镇流器配合使用。

　　（3）连接灯泡的电缆线不可随意加长。

　　（4）对于北方等冬季较寒冷的地区或在户外使用的场所，所使用的灯具应当采用密封等级高的，严禁将配用的灯具面盖拆卸使用。

　　（5）配套灯具实际系统功率偏差在±10%范围内均属于允许范围。

　　（6）高挂灯具（GC系列）灯罩所配用的钢圈上下两边的宽度不一样。

学习活动四 制定工作计划

 学习目标

1. 能根据施工图纸，勘查施工现场，制定工作计划。
2. 能根据任务要求和施工图纸，列举所需工具和材料清单。
3. 能自行确定工作流程。

 学习过程

一、思考并回答以下问题。

引导问题：

1. 安装需要的工具和材料有哪些？

_____

_____

2. 安装时所选择的日光灯是哪一种？它有什么特点？

_____

_____

3. 作为项目组的一员，你的个人任务是什么？

_____

_____

 知识拓展

选用直管荧光灯的原则

（1）任何情况下，应采用细管径（管径≤26mm）灯管，即 T8、T5 等类型，取代 T12 灯管，有明显的节能环保效果。

（2）任何情况下，都应采用三基色荧光灯，不应再选用卤粉荧光灯。三基色灯管具有光效高、显色好、寿命更长的优势。虽价格贵（约贵一倍），但由于其光效高，不仅节能效果好，降低了运行成本，而且由于使用灯数减小，节省了灯具及镇流器的费用，反而使照明系统的总初建费用降低。

（3）采用大功率灯管：在功能照明场所（除外装饰性要求），应选择不小于 4 尺（近似 1200mm）长灯管，即 T8 型 36W、T5 型 28W，其光效更高。

（4）一般情况宜采用中色温灯管：光源的色表（用相关色温表示）选择，除建筑色彩特殊要求外，一般可根据照度高低确定。简单说，高照度（>750lx）宜用冷色温（高色温），中等照度（200～1000lx）用中色温，低照度（≤200lx）用暖色温（低色温）。因为暖色温光在低照度下使人感到舒适，而在高照度下就感到燥热；而冷色温光在高照度下感到舒适，在低照度时感到昏暗、阴冷。多数场所的照度在 200～750lx 之间，用中色温光源更好，而且中、低色温的荧光灯光效比高色温灯更高，也有利于节能。

二、根据任务要求和施工图纸，列举所需工具和材料清单填入表 3-1 中。

表 3-1　工具和材料清单

序号	名称	数量
1		
2		
3		
4		
5		
6		
7		
8		
9		
10		

三、画出布局接线图。

四、确定工作流程。

拿你的计划和小组其他成员的计划比较，相互借鉴、组合、优化，通过讨论定出一个可行的完整计划，并按计划步骤填写如图 3-12 所示的工作流程图。（方框不够可以另加，有多可以留空白）

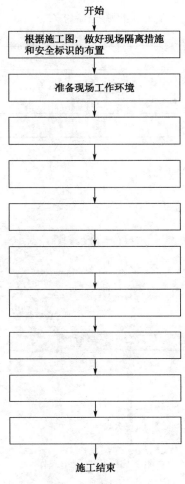

图 3-12　工作流程图

学习活动五　现场施工

 学习目标

1．能按照作业规程应用必要的标识和隔离措施，准备现场工作环境。
2．能按图纸、工艺要求、安装规程要求进行施工。
3．施工后，能按施工任务书的要求直观检查。

 学习过程

读知识拓展，回答引导问题。

引导问题 1：安装前需要检查日光灯的哪些器件？

_____

_____

引导问题 2：日光灯在安装过程中需要注意些什么？

_____

_____

 知识拓展

日光灯接线图

1. 安装步骤

（1）能识读日光灯电路接线图，如图 3-13 所示。

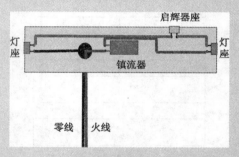

图 3-13　日光灯电路图

（2）根据表 3-2 所示元件明细表检查日光灯的器件是否齐全和完好。

表 3-2　工具和材料清单

序号	符号	名称	型号	规格	数量
1	YZ	日光灯管	YZ	20W	1
2		启辉器	PYJ	4-40W	1
3	L	镇流器	XG-20	20W	1
4	K	开关		220V / 5A	1
5		日光灯座	ANG	250V / 3A	2
6		灯架	MD1-Y	20W	1
7		启辉器座			1

（3）按照电路原理图将电源开关、灯管、镇流器、启辉器及灯座用导线连接起来，注意相线为红色线，零线为黑色线，并保证绝缘性，并将灯座固定在灯架上，将灯管安装在灯座上，盖好盖板。

（4）检查电路正确无误后，合上电源开关，灯管正常工作。

注意：在安装荧光灯灯具时应首先认真阅读灯具使用说明书，了解灯具的安装固定方式，以便预先做好相应的配套安装措施。在安装灯具前，最好能先将灯具连接好，通电确认灯具会亮后再将灯具安装上，以防安装后因运输或其他原因导致灯不亮后再检查所带来的麻烦。安装时应将宽的一面紧扣住出光面罩一边，窄的一面扣住灯罩。

2．安装工艺要求

（1）镇流器与开关串接在相线上（相线先接开关，再接镇流器）。

（2）启辉器与灯管两端灯脚并联。

（3）电源的零线与灯管的一端引线直接连接。

（4）接头处连接要牢固，绝缘胶布包扎要规范，电线走向要有条理。

（5）灯管、镇流器、启辉器三者功率要一致。

二、现场施工

学习活动六　施工项目验收

学习目标

1．施工后，能按施工任务书的要求直观检查。

2．能用万用表进行通电前安全检查。

3．按电工作业规程，作业完毕后能清点工具、人员，收集剩余材料，清理工程垃圾，拆除防护措施。

4．能正确填写任务单的验收项目，并交付验收。

学习过程

引导问题1：安装完成后如何检查线路？如果发现日光灯灯管两端发黑，一般是什么原因造成的？

_____

_____

知识拓展

日光灯常见故障

1．灯管不发光

故障原因：（1）电源没有接通；（2）灯管灯丝烧断（针对电子镇流器）；（3）灯具接插件接触不良；（4）镇流器损坏；（5）灯管漏气（针对冷阴极镇流器）；（6）启辉器损坏（针对电感镇流器）。

排除方法：（1）检查镇流器是否获得了 220V 电源，若没有，检查配电系统。（2）用万用表测量灯管的灯丝电阻是否正常，若不正常则说明灯管损坏，请尝试更换灯管。（3）检查接插件是否氧化，尝试重新安装这些零件。（4）尝试更换镇流器。一般来说电感镇流器不太容易坏，而电子镇流器的故障率相对较高。（5）尝试更换灯管。6.将启辉器短路一下，灯管应该启辉发光，这说明启辉器发生了开路性故障，尝试更换启辉器即可。启辉器接触不良的现象也很常见。

2. 灯丝立即烧断

故障原因：（1）镇流器损坏；（2）灯管漏气。

排除方法：（1）检查电路接线，看镇流器是否与灯管灯丝串联在电路中，否则会因电流过大而烧毁灯丝。如接线正确，再用万用表检查镇流器是否短路，如短路，说明镇流器已失去限流作用，无疑要烧毁灯丝，应更换或修复后再使用。（2）若镇流器未短路，通电后灯管立即冒白烟，随即灯丝烧毁，说明灯管严重漏气，应更换新的灯管。

3. 灯管两端亮中间不亮

故障原因：（1）灯管漏气（针对电感镇流器和常见的普通电子镇流器）；（2）启辉器损坏（针对电感式镇流器）；（3）谐振电容击穿（针对常见的普通电子镇流器）；（4）灯丝烧断（针对电感镇流器）。

排除方法：（1）电感镇流器，若出现灯管两端存在闪烁的橙红色光，则说明灯管严重老化或者漏气，可以尝试更换灯管；如果是电子镇流器若两端灯丝持续而稳定的发出橙红色光，没有闪烁现象，则有可能是灯管漏气，但也不排除是镇流器谐振电容击穿，可以尝试更换灯管。（2）灯管两端出现稳定的没有闪烁的橙红色光，并且通电情况下拆下启辉器，灯管可以正常点亮，这说明启辉器存在短路性故障（大多是启辉器内双金属片粘连，或启辉器内部电容击穿），更换启辉器即可。（3）这种故障在维修中非常常见，电子镇流器出现灯丝发红但灯管不启动现象大多是这种情况，可以尝试更换镇流器。谐振电容只有几毛钱，应该首先尝试更换这个电容修复镇流器，不要因为这个几毛钱的小元件而扔掉了整个镇流器。（4）一端发光，另一端不发光，有可能是发光的这一端的灯丝已经烧断了，此时的发光并不是灯丝在发光，而是灯丝断裂处的气体被击穿从而发光，此时电流很小因此另一端灯丝可能不发光。这种情况需要更换灯管。

4. 灯管有螺旋形光带

故障原因：灯管质量问题，镇流器工作电流过大。

排除方法：新灯管接入电路后，刚点燃即出现打滚现象，说明灯管内气体不纯以及灯管在出厂前老化不够。遇到这种情况，只要反复启动几次即可使灯管进入正常工作状态。如新灯管点燃数小时后才出现打滚现象，反复启动也不能消除时，属灯管质量问题，应更换灯管。若换上新灯管后仍出现打滚现象，则应用交流电流表串入镇流器回路，检查镇流器能否起到限流作用，如发现电流过大，就应更换新的镇流器或修复后再使用。

5. 关灯后有微光

故障原因：（1）开关接线错误；（2）余辉现象。

排除方法：（1）首先检查荧光灯线路，看开关是否错接在中性线上，若接在中性线上，由于灯管与墙壁间有电容存在，会使灯管断电时仍有微光，当用手触摸灯管时，辉光可能增强。这种情况，只要将开关改接在相线上就可消除辉光现象。如果改接后仍有辉光现象，则应检查开关是否漏电。如发现开关漏电，一定要修复或换新，否则会严重影响灯管的使用寿命。（2）如果接线无误，但关闭电源后灯管依然发出微弱的光，并且数分钟后自动消失，这就是灯管的余辉现象。余辉现象是正常现象，无需多虑。

6. 灯管两端发黑

故障原因：（1）灯管老化；（2）荧光灯附件不配套；（3）开、关次数过于频繁。

排除方法：（1）当灯管点燃时间已接近或超过规定使用寿命，灯管两端发黑是正常的，说明灯丝所涂覆的电子发射物质即将耗尽。发黑部位一般在离灯管两端 50~60mm 范围内。此时灯管虽然依然可以发光，发光强度也低于正常亮度了，应该考虑更换灯管。（2）新灯管使用不久两端严重发黑，是由于灯丝上电子发射物质飞溅得太快，吸附在管壁上的缘故，可能是灯管质量不好，也有可能是镇流器有问题导致灯丝电流太大。（3）荧光灯开关的次数过于频繁，荧光灯的启动电流很大，开关次数过于频繁会加快灯管老化。

7. 镇流器有蜂音

故障原因：（1）镇流器钢片松动（针对电感镇流器）；（2）镇流器过载；（3）镇流器故障前兆（针对电子镇流器）。

排除方法：（1）镇流器是一个带铁芯的低频扼流圈，通交流电时，由于电磁振动发出蜂音是正常的，但根据出厂标准，距离镇流器 1m 处听不到这种噪音为合格产品，当噪音超标时应更换新的镇流器。安装位置不当或松动会引起与周围物体共振发出蜂音，只要在镇流器下垫一块橡胶材料紧固后即可解决，也可以尝试沥青、树脂封固。（2）灯管与镇流器不匹配，或电源电压过高，都会导致镇流器过载从而发出比平时大的声音，请检查灯管与镇流器是否匹配，以及电源电压是否正常。（3）电子镇流器突然出现异常的吱吱声，表明内部振荡电路工作不正常，需要断电检查内部滤波电容是否失效，电阻、电容是否变质，以及电源电压是否正常。比较常见的是电解电容失容。出现这种情况，可以尝试更换镇流器解决。

8. 镇流器过热

故障原因：（1）镇流器本身质量有问题；（2）电源电压过高。

排除方法：先用交流电流表检查电路中的电流即镇流器的工作电流，如因镇流器短路而造成工作电流过大时，应更换新的镇流器或修复后再使用。若镇流器通过电流符合标准范围，电源电压也不高，则应检查启辉器内电容器是否被击穿，氖泡内部电极是否搭连。

引导问题 2：日光灯在使用过程中该如何保养和清洁？最好使用什么清洁工具来擦拭日光灯表面的脏污？

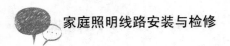
 知识拓展

1. 日光灯的日常保养

（1）不要过于频繁地开关灯。过于频繁地开灯会导致灯管的两端过早地变黑，影响灯管的输出功率，而且要注意在关灯后重新启动灯要等 5～15 分钟。

（2）如果电压很低，灯管的两极会在点亮的开始阶段发射出钨，从而让灯管内部产生许多点状的污染物，成为灯管损害的原因之一，所以，建议尽量在高电压的条件下开灯。

（3）荧光灯的线路较多，需要辅助器件，因此必须与相应的变压器、电容器等配合使用，以保证灯管启动到适合的功率。

（4）注意要保持一个通风的环境，不只是带走灰尘，也可以降低灯管的温度，以便延长灯管的寿命。

2. 日光灯的清洁

（1）荧光灯发热容易吸引灰尘，准备清洁时要关闭电源，然后尽量让室内空气流通，用拧干了的抹布沾上一点清洁剂轻轻地擦拭灯管，然后再使用干净的干布把清洁剂擦干净。

（2）如果条件允许，可以使用防静电掸子来清除灯管表面的灰尘，然后用干的抹布擦拭脏污，不可太过用力。

（3）定期清洗荧光灯的送风机扇叶，可以取出来蘸水洗，然后用干布擦去上面的水，让送风机扇叶保持干燥安装回去。

（4）安装荧光灯的时候要用纸巾清洁双手，不要在灯管上留下痕迹，而平时也可以用酒精擦拭灯管的表面来保持清洁。

引导问题 3：你的任务是否在规定时间内完成？是否成功？如果不成功，出现了什么问题？该如何解决？

_____

_____

_____

_____

学习活动七　工作总结与评价

 学习目标

1. 真实评价学生的学习情况。
2. 培养学生的语言表达能力。
3. 展示学生的学习成果，树立学生的学习信心。

 **学习过程**

一、成果展示

同学们以小组形式，通过演示文稿、展板、海报、录像等形式，向全班展示、汇报学习成果。

提示展示内容可以有：

（1）通过日光灯的安装你学到了什么（专业技能和技能之外的东西）？

（2）展示你最终完成的成果并说明它的优点。

（3）安装质量存在问题吗？若有问题是什么问题？什么原因导致的？下次该如何避免？

（4）讨论你组的成果以什么形式展示？

二、总结评价

各个小组可以通过各种形式，对整个任务完成情况的工作总结进行展示，以组为单位进行评价；其他组对展示小组的过程及结果进行相应的评价，完成表 3-3 所示评价表一的内容；本人、本组组长、教师完成表 3-4 所示评价内容（其中本组组长完成"小组评价"内容，本人完成"自我评价"，教师完成"教师评价"内容）。

表 3-3　评价表一

组号	参加展示人数	评价		小组优良排序
		语言表达最好的学生	展示中表现最好的学生	
1				
2				
3				
4				

表 3-4 评价表二

序号	项目	自我评价			小组评价			教师评价		
		10～8	7～6	5～1	10～8	7～6	5～1	10～8	7～6	5～1
1	学习兴趣									
2	任务明确程度									
3	信息收集能力									
4	学习主动性									
5	承担工作表现									
6	协作精神									
7	时间观念									
8	工作效率与完成质量									
9	安装工艺规范程度									
10	创新能力									
	总评									

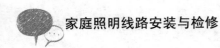

三、反思性评价（个人独自完成）

1. 在施工过程中，所用到的工具你能否正确使用？能否熟练操作？

_____

_____

2. 施工是否顺利？能按时完成施工吗？

_____

_____

3. 小组分工是否合理？是否出现分歧？配合是否良好？

评价：_____

4. 总结这次任务是否达到学习目标？

评价：_____

5. 有哪些地方需要在今后的学习任务中改良？

评价：_____

四、教师点评

1. 找出各组的优点并进行点评。
2. 对整个任务完成过程中各组的不足进行点评，提出改进方法。
3. 总结整个活动完成中出现的亮点和不足。

項目四

卧室双控灯的安装

学习目标

1. 通过阅读"卧室双控灯的安装"工作任务单，明确个人任务要求。
2. 掌握双控开关、插座等电工材料的安装方法，识读电路原理图。
3. 能自行设计线路布局图、施工图。
3. 根据施工图纸，勘查施工现场，制定工作计划。
4. 正确使用电工常用工具，并根据任务要求和施工图纸，列举所需工具和材料清单，准备工具，领取材料。
5. 能按照作业规程应用必要的标识和隔离措施，准备现场工作环境。
6. 能按图纸、工艺要求、安装规程要求，进行施工。
7. 施工后，能按要求进行检查。
8. 按电工作业规程，作业完毕后能清点工具、人员，收集剩余材料，清理工程垃圾，拆除防护措施。
9. 能正确填写任务单的验收项目，并交付验收。
10. 能对项目作出工作总结与评价。

工作情境

某小区住户张先生提出将卧室照明线路改造成双控灯的需求，用户要求当天完成该项工作，安装公司同意接收该项工作任务，开出派工单并委派维修电工人员前往该小区作业，并按客户要求当天完成任务，把客户验收单交付公司。

工作流程

学习活动一：明确工作任务
学习活动二：信息收集
学习活动三：勘查施工现场
学习活动四：制定工作计划
学习活动五：现场施工
学习活动六：施工项目验收
学习活动七：工作总结与评价

学习活动一　明确工作任务

 学习目标

1. 能够与客户沟通，填写派工单。
2. 能明确任务要求。

 学习过程

请阅读派工单（图 4-1），并填写以下引导问题。

派工单

流水号：　　　　　　　20××-10-037

类别：水□　电□　暖□　土建□　其他□　　　　　　　日期：20××年 10 月 25 日

安装地点	雅居乐小区 5 栋 2 单元 503 房的主卧		
安装项目	卧室双控灯的安装		
需求原因	为使用方便，需在主卧安装双控灯		
申报时间	20××年 10 月 25 日	完工时间	20××年 10 月 26 日
申报单位	5 栋 2 单元 503 房	安装单位	××班
验收意见		安装单位电话	79592222
验收人	马六	承办人	
申报人电话	79897666	承办人电话	
物业负责人	李四	物业负责人电话	7989666

图 4-1　派工单

引导问题：

该项工作要求多长时间完成？　　　　　　　　；该项工作具体内容是：　　　　　　　　　。

学习活动二　信息收集

 学习目标

1. 能阅读分析工作页知识拓展内容。
2. 能根据现有资料回答相关问题。

 学习过程

一、认识新元件及识读电路图

引导问题 1：你认为完成该项任务需要哪些材料？

_____

_____

_____

_____

引导问题 2：本项目中使用的开关与项目二中的单控开关一样吗？请仔细阅读以下知识拓展部分的内容，并试着用图示的方法把各电气元件连接起来构成一个完整的电路图。

_____

_____

_____

_____

 知识拓展

　　双控开关是一个开关同时带常开、常闭两个触点（即为一对）。通常用两个双控开关控制一盏灯或其他电器，意思就是可以有两个开关来控制灯具等电器的开关。比如，在进卧室门时打开开关，上床后在床头关闭开关。如果是采取传统的开关的话，想要把灯关上，就要跑到卧室门口去关，采用双控开关，就可以避免这个麻烦。另外双控开关还用于控制应急照明回路需要强制点燃的灯具，双控开关中的两端接双电源，一端接灯具，即一个开关控制一个灯具，如图 4-2 所示。

　　两个双控开关的连接方法：导线连入动触点，两个开关间静触点相对接，如图 4-3 所示。

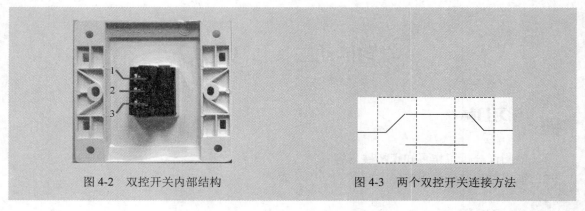

图 4-2 双控开关内部结构   图 4-3 两个双控开关连接方法

引导问题 3：你画的卧室双控灯的电路图和下图一样吗？请看图 4-4 并回答以下问题。

除了两个双控开关以外，我们还需要一个什么器件？_____。它在电路中起到什么作用？_____

从此图可以看出，两个双控开关的动触点分别连接的是_____、_____。

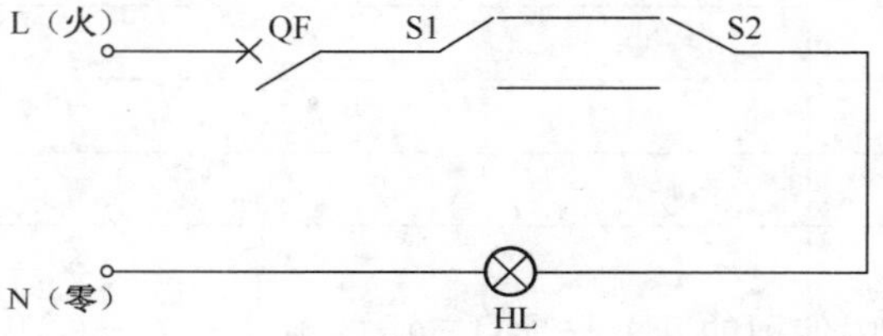

图 4-4 双控灯电路图

二、认识建筑图

引导问题 4：如图 4-5 所示为某住宅楼标准底层平面，请观察图中所示的户型结构，并思考客户提出的主卧是哪一间卧室？请在图上找到主卧位置，并作记号。

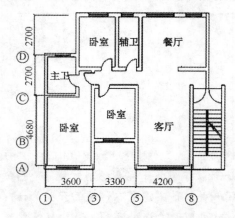

图 4-5 住宅楼标准底层平面图

三、电气识图

引导问题 5：请用合适的电气符号在图 4-6 中标明两个双控开关的位置。图形符号可以参考表 2-2。

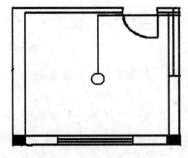

图 4-6 卧室平面图

学习活动三 勘查施工现场

 学习目标

能根据施工图纸，勘查施工现场，取得必要的资料、数据。

 学习过程

一、请带着电气设备平面图，到施工现场进行勘察。

引导问题

1. 卧室的面积、形状、高度。

_____

_____

2. 两个开关的安装位置、安装方式、安装高度。

_____

_____

3. 灯座的安装位置、灯的高度。

_____

_____

4. 灯座、开关、电源的位置关系及距离。

_____

5. 计算出所用导线的数量为：_____

6. 根据现场的状况，安装的难易程度，确定施工的时间。

_____

_____

二、整理现场勘查的资料。

三、请阅读下面知识拓展部分的内容。

知识拓展

与客户确定了勘查安装现场的时间与地点后，准备好资料、名片，带好纸和笔，必要时带上照相机。

到达现场首先对现场的大概情况做一下了解，不要急于与客户见面，把现场环境大概记录一下，最好能及时出一份草图。

见了客户之后，先听客户介绍一下具体的情况，了解客户的具体需求，适当做笔录。客户讲完之后，可根据先前了解的情况，给客户做出一些合理性的建议。

学习活动四　制定工作计划

 学习目标

1. 能根据施工图纸，勘查施工现场，制定工作计划。
2. 能根据任务要求和施工图纸，列举所需工具和材料清单。
3. 能自行确定工作流程。

 学习过程

一、思考并回答以下问题。

引导问题

1. 安装需要的工具有哪些？

_____

_____

2. 安装需要的材料有哪些？

_____

_____

_____

3. 安装的主要内容是什么？作为项目组的一员，你的个人任务是什么？

_____

_____

_____

4. 施工图要求卧室安装的是哪种灯？功率多大？工作电压是多少？

_____

_____

_____

 **知识拓展**

工作计划表：可以是表格的形式，也可以是流程图的形式或者文字的形式描述你对现场勘查的信息记录，并制定相应的工作计划。

计划的制订需要考虑如下问题：

（1）小组讨论人员的分工问题。

（2）确定完成任务的工作过程中使用到的电工工具的使用方法和安全注意事项、规程、工艺要求。

（3）制定施工具体步骤。

二、根据任务要求和施工图纸，列举所需工具和材料清单填在表 4-1 中。

表 4-1 材料及工具清单

序号	名称	数量
1		
2		
3		
4		
5		
6		
7		
8		
9		
10		
11		
12		
13		
14		
15		
16		
17		

三、画出布局接线图。

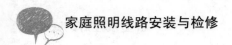

四、确定工作流程。

拿你的计划和小组其他成员的计划比较，相互借鉴、组合、优化，通过讨论定出一个可行的完整计划，并按计划步骤填写如图 4-7 所示的工作流程图。（方框不够可以另加，有多可以留空白）

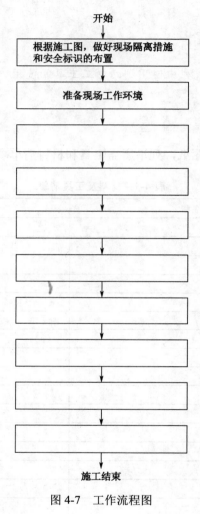

图 4-7　工作流程图

学习活动五　现场施工

 学习目标

1．能按照作业规程应用必要的标识和隔离措施，准备现场工作环境。
2．能按图纸、工艺要求、安装规程要求，进行护套线布线施工。
3．施工后，能按施工任务书的要求直观检查。

学习过程

一、现场施工，根据计划完成施工

引导问题 1：对照学习活动四中制定的工作计划，以下工具和材料是否在你计划之中？请阅读以下知识拓展部分，并根据你领取的材料和工具，将工作计划单中未填写的材料和工具补充出来。

_____

_____

_____

_____

知识拓展

PVC（全名 Polyvinyl chlorid），主要成分为聚氯乙烯，另外加入其他成分来增强其耐热性、韧性、延展性等。这种表面膜的最上层是漆，中间的主要成分是聚氯乙烯，最下层是背涂黏合剂。它是当今世界上深受喜爱、颇为流行并且也被广泛应用的一种合成材料。它的全球使用量在各种合成材料中高居第二。PVC 可分为软 PVC 和硬 PVC。其中硬 PVC 大约占市场的 2/3，软 PVC 占 1/3。软 PVC 一般用于地板、天花板以及皮革的表层，但由于软 PVC 中含有增塑剂（这也是软 PVC 与硬 PVC 的区别），物理性能较差（如上水管需要承受一定水压，软质 PVC 就不适合使用），所以其使用范围受到了局限。硬 PVC 不含增塑剂，因此易成型，物理性能佳，因此具有很大的开发应用价值。聚氯乙烯材料生产过程中，必添加几种助剂，如稳定剂、增塑剂等，倘若全部采用环保助剂，那 PVC 管材亦是无毒无味环保的制品。如图 4-8 所示为 PVC 线管及线槽。

图 4-8 PVC 线管及线槽

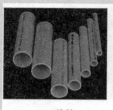

| PVC线管 | PVC电工套管 | 防阻燃电工套管 | PVC电工套管 |

图4-8　PVC线管及线槽（续）

知识拓展

钢锯

钢锯是钳工的常用工具，可切断较小尺寸的圆钢、角钢、扁钢和工件等。钢锯包括锯架（俗称锯弓子）和锯条两部分，如图4-9所示，使用时将锯条安装在锯架上，一般将齿尖朝前安装锯条，但若发现使用时较容易锛齿，就将齿尖朝自己的方向安装，可缓解锛齿且能延长锯条使用寿命。钢锯使用后应卸下锯条或将拉紧螺母拧松，这样可防止锯架形变，从而延长锯架的使用寿命。锯条有单边齿和双边齿两类，又分粗齿（14齿/25mm）、中齿（18～24齿/25mm）和细齿（32齿/25mm）几种规格，以适用于不同材质的锯割。为提高工作效率和避免锛齿，锯割较硬的材质时选用细齿锯条，锯割较软的材质时选用粗齿锯条，锯割一般的材质选用中齿锯条。锯条厚度0.5～0.65mm，宽度10～12mm，长度有200mm、250mm、300mm三种规格。锯架有固定长度（图4-10）和可调长度（图4-11）两种，可调长度的锯架有三个挡位，分别适用于三种长度的锯条（4-12）。

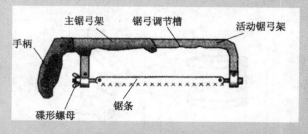

图4-9　钢锯的结构图

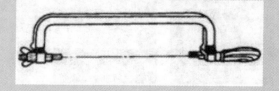

图4-10　固定式钢锯

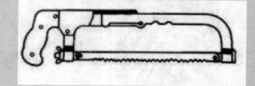

图4-11　可调式钢锯

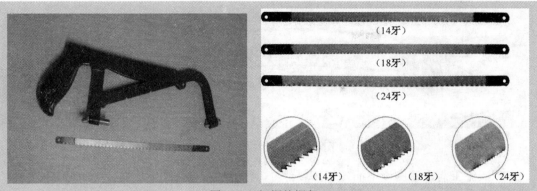

图 4-12　钢锯的锯条

钢锯的正确使用（图 4-13）：

（1）夹紧工件，工件伸出钳口不宜过长。

（2）安装锯条，锯齿向前，松紧要适度，调整锯条松紧度时，蝶形螺母不宜旋得太紧或太松。

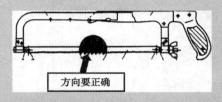

图 4-13　钢锯使用方法

（3）起锯采用远边起锯（锯条的前端搭在工件上）或近边起锯（锯条的后端搭在工件上），角度要小，约 15°。

（4）锯割时，右手握住锯柄，左手压在锯弓前上部，掌握锯弓要稳，身体稍向前倾；左脚在前，腿略微弯曲，右腿伸直，两脚间距离适当。两臂稍弯曲，用压力推进，手锯返回时不用压力。

（5）运锯时，上身移动，两脚保持不动，并不断给锯口加入机油；开始时，推拉距离短，压力要小，速度稍慢。锯条往返走直线，并用锯条全长进行锯割，使锯齿磨损均匀。锯缝接近锯弓高度时，应将锯弓与锯条调成 90°。

（6）锯较薄的工件，可将两面垫上木板或金属片，一起锯；锯较厚的工件，因锯弓的宽度不够，可调几个方向锯，如工件长度允许，可将锯条横装，加大锯口的深度。

（7）若有锯齿崩断，应立即停止操作。

（8）工件要锯完时，压力要轻，速度要慢，行程要小，并用手扶住工件。

（9）钢锯用完后，将锯条取下，擦洗干净，保养锯弓并存放。

（10）应在重新起锯时，更换锯条。

引导问题 2：你知道你领取的双控开关应该如何接线吗？请观察如图 4-14 所示的接线方式。

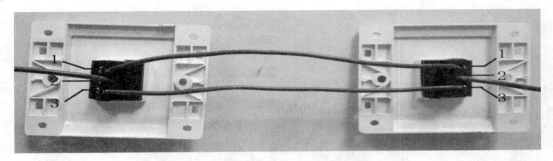

图 4-14 双控灯的接线方式

在正式施工前，请阅读下面知识拓展部分，注意安装工艺。

 知识拓展

PVC 槽板的敷设

1. 画线定位

（1）画出槽板的走向线，做到横平竖直，与房间的轮廓线平行，最好沿踢脚线、横梁、墙角等隐蔽处，槽板不能敷设在天花板上。

（2）标出槽板固定点的位置。底板固定点间的直线距离不大于 500mm，起始、终端、转角、分支等处固定点间的距离不大于 500mm。在固定点上用钻钻一个深度小于 10mm 的孔。

（3）槽底和槽盖直线对接时，槽底对接缝与槽盖对接缝错开并不小于 20mm。

2. 槽板的拼接

槽板的拼接可分为对接、转角拼接和"T"字形拼接等，但无论哪种拼接，接头部位都应锯成 45°，如图 4-15 所示。

（1）转角拼接

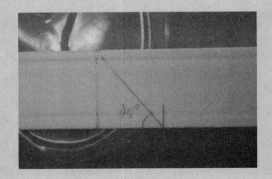

（a）画线定位（注意尺子与槽板成 90°放置）　（b）对接前，槽板的 45°角画线定位

图 4-15 槽板的拼接

（c）沿定位线切割槽板

（d）使用锉刀打磨切割后的槽板边缘

（e）切割后的槽板效果图

（f）对接后的槽板侧面图

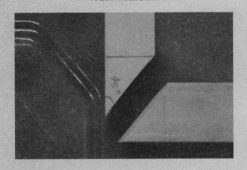
（g）切割后的槽板直角拼接图

（h）直角拼接后的槽板效果图

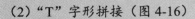
图 4-15　槽板的拼接（续）

（2）"T"字形拼接（图 4-16）

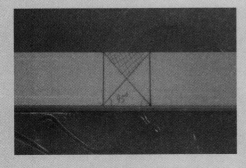
（a）"T"字形拼接的横向槽板画线定位图

（b）"T"字形拼接的横向槽板切割 1

图 4-16　"T"字形拼接

（c）"T"字形拼接的横向槽板切割2

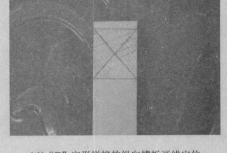

（d）"T"字形拼接的纵向槽板画线定位

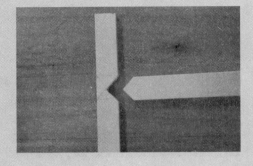

（e）切割后的槽板"T"字形拼接图

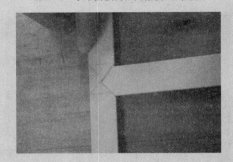

（f）"T"字形拼接后的槽板效果图

图 4-16　"T"字形拼接（续）

3. 槽板的安装（图 4-17）

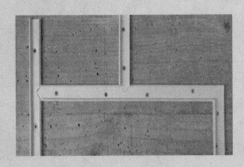

（a）固定底板

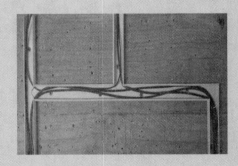

（b）导线敷设

（c）固定盖板

图 4-17　槽板的安装

槽板安装步骤：

（1）画线定位。

根据电气设备的安装位置，进行画线定位。要求横平竖直，转弯成直角，穿墙须垂直。

（2）设计与购料。

① PVC管呈圆形，规格从小到大，有Φ16、Φ20、Φ25、Φ32、Φ40、Φ50、Φ63。

② PVC管还有多种与它配套的阻燃接头，如"直接""大小三通""大小头""弯头""等粗三通"等。

（3）PVC管的切割。

小口径的管子，用电工刀割一圈，手一掰就断；粗管用钢锯锯断。

（4）PVC管的直接。

① 相同直径的PVC管的直接，将两管口倒外角后，取同直径的"直接"，将待接两管插入。

② 大小管的直接，将大、小管管口外角倒角后，取大小头，按口径插入。

（5）PVC管穿线。

PVC管内壁十分光滑，穿线很容易。可在穿线前穿入一根铁丝，然后将电线头与铁丝接好，拉铁丝就可带动电线出来。

（6）PVC管在墙壁上的固定。

用"Ω"卡和"2"字卡，将PVC管沿墙明敷，用水泥钉钉牢，如图4-18所示。

（7）注意事项。

① 等粗三通接线时，要留足空间以利于穿电线。

② 穿线前可在管口放把滑石粉。

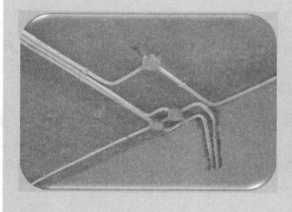

图4-18　PVC管示意图

二、反思性评价（展示前，个人独自完成）

1. 在施工过程中，所用到的工具你能否正确使用？能否熟练操作？

_____

_____

_____

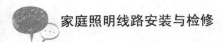

2．施工是否顺利？能按时完成施工吗？

_____

_____

3．小组分工是否合理？有否出现分歧？配合是否良好？

评价：_____

_____

4．总结这次任务是否达到学习目标？

评价：_____

_____

5．有哪些地方需要在今后的学习任务中改良？

评价：_____

_____

学习活动六　施工项目验收

 学习目标

1．施工后，能按施工任务书的要求直观检查。

2．能用万用表进行通电前安全检查。

3．按电工作业规程，作业完毕后能清点工具、人员，收集剩余材料，清理工程垃圾，拆除防护措施。

4．能正确填写任务单的验收项目，并交付验收。

 学习过程

引导问题 1：安装完成后如何检查线路？请在图 4-20 中圈出你用万用表检查的位置。并在旁边空白处加以说明。

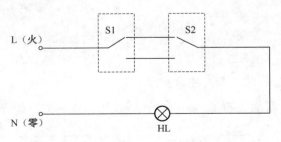

图 4-19　双控灯电路图

引导问题 2：线路检查完后，你通电成功了吗？请将通电后你观察到的现象用文字描述出来。

_____

_____

_____

_____

引导问题 3：作业完毕后，你的工具是否放回原处？是否进行了施工后的清理？

_____

_____

_____

学习活动七　工作总结与评价

 学习目标

1．真实评价学生的学习情况。
2．培养学生的语言表达能力。
3．展示学生的学习成果，树立学生的学习信心。

 学习过程

一、成果展示

同学们以小组形式，通过演示文稿、展板、海报、录像等形式，向全班展示、汇报学习成果。展示内容可以有：

（1）通过卧室双控灯的安装过程学到了什么（专业技能之外的东西）？
（2）展示你最终完成的成果并说明它的优点。
（3）安装质量存在问题吗？若有问题是什么问题？什么原因导致的？下次该如何避免？
（4）讨论你们组的成果以什么形式展示？
（5）除了卧室可以采用双控灯的方式，还有哪些地方也可以采用？
（6）学会了双控灯的安装方法，你知道三个开关控制一盏灯的安装方法吗？

二、总结评价

各个小组可以通过各种形式，对整个任务完成情况的工作总结进行展示，以组为单位进行评价；其他组对展示小组的过程及结果进行相应的评价，完成表 4-2 所示评价表一的内容；本人、本组组长、教师完成表 4-3 的评价内容（其中本组组长完成"小组评价"内容，本人完成"自我评价"，教师完成"教师评价"内容）。

表 4-2　评价表一

组号	参加展示人数	评价		小组优良排序
		语言表达最好的学生	展示中表现最好的学生	
1				
2				
3				
4				

表 4-3　评价表二

序号	项目	自我评价			小组评价			教师评价		
		10～8	7～6	5～1	10～8	7～6	5～1	10～8	7～6	5～1
1	学习兴趣									
2	任务明确程度									
3	信息收集能力									
4	学习主动性									
5	承担工作表现									
6	协作精神									
7	时间观念									
8	工作效率与完成质量									
9	安装工艺规范程度									
10	创新能力									
	总评									

三、教师点评

1. 找出各组的优点并进行点评。
2. 对整个任务完成过程中各组的不足进行点评，提出改进方法。
3. 总结整个活动完成中出现的亮点和不足。

项目五

一室一厅住房线路的安装

学习目标

1. 能够分析"一室一厅小户型住房线路的安装"工作任务单，明确个人任务要求。
2. 能够合理设计原理图、布局图、槽板走线图。
3. 能够根据施工图纸，勘查施工现场，制定工作计划。
4. 能够熟练使用常用电工工具，并根据任务要求和施工图纸，列举所需工具和材料清单，准备工具，领取材料。
5. 能按照作业规程应用必要的标识和隔离措施，准备现场工作环境。
6. 能按图纸、工艺要求及安装规程要求，进行施工。
7. 施工后，能按要求进行线路检查。
8. 按电工作业规程，作业完毕后能清点工具、人员，收集剩余材料，清理工程垃圾，拆除防护措施。
9. 能正确填写任务单的验收项目，并交付验收。
10. 能对项目作出工作总结与评价。

工作情境

重庆某区域修建了几幢公租房，户型为一室一厅的，现要求对这些区域的住房进行线路安装，某安装公司同意承接该项工作任务，开出派工单并委派维修电工人员前往该区域作业，并按住户要求完成任务，把客户验收单交付公司。

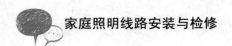

工作流程

学习活动一：明确工作任务
学习活动二：信息收集
学习活动三：勘查施工现场
学习活动四：制定工作计划
学习活动五：现场施工
学习活动六：施工项目验收
学习活动七：工作总结与评价

学习活动一　明确工作任务

学习目标

1．能够与住户沟通，填写派工单。
2．能明确任务要求。

学习过程

一、请阅读派工单（图 5-1），并填写以下引导问题。

派工单

流水号：　　　　　　　　××-××-××

类别：水□　电□　暖□　土建□　其他□　　　　　　　　日期：××年××月××日

安装地点	××小区公租房		
安装项目	一室一厅住房线路的安装		
需求原因	解决外地农民工的住房问题		
申报时间	××年××月××日	完工时间	××年××月××日
申报单位	10 栋 1 单元 408 房	安装单位	电气信息××班
验收意见		安装单位电话	69592222
验收人		承办人	
申报人电话	69897777	承办人电话	
物业负责人	张三	物业负责人电话	6989666

图 5-1　派工单

引导问题：

1．该项工作具体内容是：_____

2．常见的一室一厅的小户型住房一般包括哪些房间？

_____

_____

3．安装一套一室一厅小户型线路大概要花多长时间？

_____

_____

4．你认为哪个房间安装较为困难？为什么？

_____

_____

_____

学习活动二　信息收集

学习目标

1．能阅读分析工作页的知识拓展内容。

2．能根据现有资料回答相关问题。

学习过程

照明线路安装的基本知识

引导问题 1：你认为完成该项安装任务需要用到哪些材料？

_____

_____

_____

引导问题 2：请你结合生活实际，描述普通居民用户的家庭配电箱的组成。

_____

_____

_____

引导问题 3：阅读下面知识拓展的内容，完成以下问题。

1．电能是指_____，用大写字母____表示，单位是_____，我们常说的 1 度电=____kW·h=_____J。

2．电功率是指_____，用大写字母_____表示，单位是_____，电能与电功率之间的关系是：_____。

3．家用电能表的接线顺序是：_____。

 知识拓展

　　在日常生活中，点亮灯泡，电能转化为光能；电热器是电能转化为热能；电动机是电能转化为机械能。电能转化为其他形式的能的过程是电流在这段时间所做的功，也称为电功。电流做多少电功，就有多少电能转化为其他形式的能。电能（W）和电功的单位为焦耳，符号 J，常用单位为"度"，即 1 度=1kW·h=$3.6×10^6$J。电功率（P）是指单位时间内电流所做的功，电功率的单位是瓦特，符号 W，电能与电功率的关系式为 $P=\dfrac{W}{t}$。日常生活中所接触的电能表，是正式用来计算居民用户的用电量的，如图 5-2 所示是电能表的接线图。

 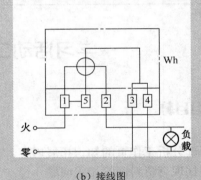

（a）外形图　　　　　　　　　　　　　　　（b）接线图

图 5-2　电能表外形图与接线图

1．家庭配电箱的组成

　　在居民用户的用电系统中，电能表是由供电部门统一安装的。安装一个常用的家庭配电箱的材料包括：

　　（1）配电箱一只（一般 9 回路就够了，具体根据你要安装的空气开关有多少定）。

　　（2）带漏电保护器的空气开关一只（一般家用的 20A 就行，具体根据你的用电负荷定）。

　　（3）单极空气开关的只数根据实际分支线路定，如照明设一路（10A）、插座设一路（也可厅房、卫生间、厨房分开设）、空调各设一路（16A，如大功率空调适当加大）。

2．接线方法

　　（1）将电源进线的火线和零线按要求接到漏电保护器的进线侧（上端）。

　　（2）将漏电保护器的火线出线接到其他各个单路空气开关的上端，零线接开关箱的共用零线接线处。

　　（3）将照明、插座、空调等线路的火线进线分别接到各个相关的空气开关下端，零线一起接到共用零线接线处。

　　家庭配电箱的接线方式如图 5-3 所示。

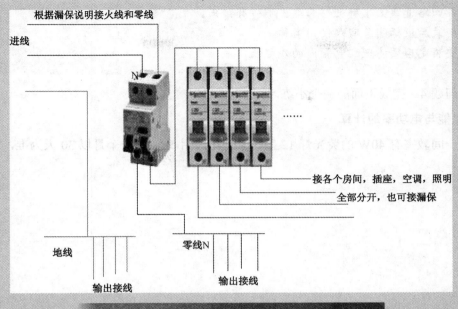

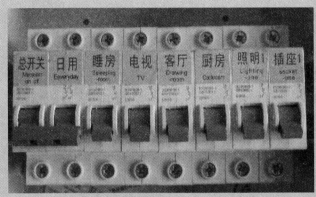

图 5-3 家庭配电箱的接线方式

3. 家庭配电箱的安装要求

（1）配电箱分金属外壳和塑料外壳两种，有明装式和暗装式两类，其箱体必须完好无损。

（2）箱体内接线汇流排应分别设立零线、保护接地线、相线，且要完好无损，具有良好绝缘。

（3）空气开关的安装座架应光洁无阻并有足够的空间。

（4）配电箱门板应有检查透明窗。

4. 配电箱的安装要点

（1）应安装在干燥、通风部位，且无妨碍物，方便使用。绝不能将配电箱安装在箱体内，以防火灾。

（2）配电箱不宜安装过高，一般安装标高为 1.8m，以便操作。

（3）进配电箱的电管必须用锁紧螺帽固定。

（4）若配电箱需开孔，孔的边缘须平滑、光洁。

（5）配电箱埋入墙体时应垂直、水平，边缘留 5～6mm 的缝隙。

（6）配电箱内的接线应规则、整齐，端子螺丝必须紧固。

（7）各回路进线必须有足够长度，不得有接头。

（8）安装后应标明各回路使用名称。

（9）安装完后须清理配电箱内的残留物。

引导问题 4：完成下面的两个小练习。

1．电能与电功率的计算

例：一间教室有 40W 的荧光灯 12 盏，平均每天用 5h，若一个月以 30 天为准，问每月供电多少度？

解：

2．电能表的识读

例：小华家的电能表某月初和月底的示数如图 5-4 所示。

图 5-4　电能表示数

（1）小华家该月消耗多少 kW·h 的电能？

（2）约等于多少焦？

解：

引导问题 5：根据前面的项目学习，回答下列问题。

1. 安装照明线路时，常用到的电工工具有哪些？

_____

_____

2. 火线一般用什么颜色的导线？

_____

3. 零线一般用什么颜色的导线？

_____

4. 地线一般用什么颜色的导线？

_____

5. 导线的连接方式一般包括哪两种？

_____

6. 开关一般安装在哪条线路中？

_____

7. 火线一般接在灯座的：_____

8. 三孔插座的接线位置是：_____

9. 日光灯线路由哪几部分组成？

_____

_____

10. 客厅一般由哪些用电器组成？

_____

_____

11. 卧室的照明设备采用单控还是双控？

_____

_____

12. 厨房一般由哪些用电器组成？

_____

_____

13. 室内配电箱里面怎样分配线路比较合理？

_____

_____

引导问题 6：如图 5-5 所示为一室一厅的住房实际平面图，请结合实训样板间，思考在实际生活中安装一室一厅住房线路时，还应该注意哪些问题？

答：_____

_____

_____

_____

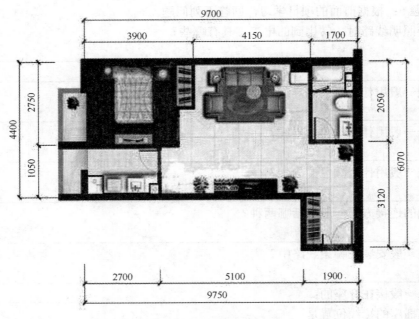

图 5-5　一室一厅平面图

知识拓展

1. 室内分布区说明

（1）客厅：客厅布线一般应为 8 支路线，包括电源线（4mm² 铜线）、照明线（2.5mm² 铜线）、空调线（4～6mm² 铜线）、电视线（馈线）、电话线（4 芯护套线）、电脑线（5 类双绞线）、对讲器或门铃线（可选用 4 芯护套线，备用 2 芯）、报警线（指烟感，红外报警线，选用 8 芯护套线）。

（2）餐厅：应为 3 支路线，包括电源线、照明线、空调线。

① 电源线尽量预留 2～3 个电源接线口；

② 灯光照明最好选用暖色光源，开关选在门内侧；

③ 空调也需按专业人员要求预留接口。

（3）走廊、过厅：应为 2 支路线，包括电源线、照明线。

（4）电源终端接口预留 1～2 个。灯光应根据走廊长度、面积而定，如果较宽可安装顶灯、壁灯；如果狭窄，只能安装顶灯或透光玻璃顶，在户外内侧安装开关。

（5）卧室：一般应为 7 支路线：包括电源线、照明线、空调线、电视线、电话线、电脑线、报警线。

（6）书房：应为 7 支线路，包括电源线、照明线、电视线、电话线、电脑线、空调线、报警线。

（7）阳台：应为 2 支线路，包括电源线、照明线。电源线终端预留 1～2 个接口。照明灯光应设在不影响晾衣物的墙壁上或暗装在挡板下方，开关应装在与阳台相连的室内，不应安装在阳台内。

（8）厨房，见实例。

（9）卫生，见实例。

2．插座的使用

（1）插座数量

卧室每间 4 组，客厅每 2.5 平方米一组，厨房每 1.2 平方米一组，空调排风扇、洗衣机有专用插座。插座类型：为防儿童触电，应选用带保险挡片的安全插座；电冰箱、空调器应使用各自独立、带保护接地，三眼插座；卫生间易潮湿，不宜安装普通插座而应选用防溅水型插座。

（2）安装位置

一般开关距地 1.2～1.4 米，距门框水平距离 0.15～0.2 米，同一室内开关高度应一致；明装插座距地不低于 1.8 米，暗装插座距地 0.3 米为宜。当然，具体安装的位置还得由家具及电器的摆放位置而定。

（3）安装方式

单相二眼插座接线要求是横排列时为"左零右火"，竖排列时为"上火下零"；三眼插座的零线与保护接地线切不可错接。

如图 5-6 所示为常用插座示例。

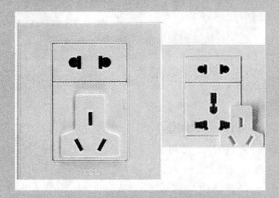 

图 5-6 常用插座

3．接线盒的使用

在家居装修中，接线盒是电工辅料之一，因为装修用的电线是穿过电线管的，而在电线的接头部位（比如线路比较长，或者电线管要转角）就采用接线盒作为过渡用，电线管与接线盒连接，线管里面的电线在接线盒中连起来，起到保护电线和连接电线的作用，这个就是接线盒。

一般国内的接线盒是 86 型的，就是大致在 100×100 毫米左右，配接线盒盖（或者直接配开关和插座面板），一般是 PVC 和白铁盒材质，如图 5-7 所示。

4．射灯

射灯是典型的无主灯、无既定规模的现代流派照明，能营造室内照明气氛，若将一排小射灯组合起来，光线能变幻奇妙的图案，如图 5-8 所示。由于小射灯可自由变换角度，组合照明的效果也千变万化。射灯光线柔和，雍容华贵，其也可局部采光，烘托气氛。

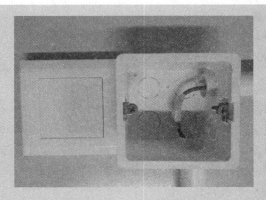

图 5-7　接线盒

图 5-8　射灯 http://baike.baidu.com/image/27d647ee1bb8acb7b3fb9507

（1）特点

a．省电：射灯的反光罩有强力折射功能，10W 左右的功率就可以产生较强的光线。

b．聚光：光线集中，可以重点突出或强调某物件或空间，装饰效果明显。

c．舒服：射灯的颜色接近自然光，将光线反射到墙面上，不会刺眼。

d．变化多：可利用小灯泡做出不同的投射效果。

http://baike.baidu.com/image/72b19c02064edb304afb5105

（2）应用场所

a．家居照明，商业店铺装饰照明。

b．娱乐场所照明，辅助照明等场所。

c．专卖店、酒店、咖啡厅。

（3）布置和安装

在照明布置中的作用不可低估，作为一种装饰光和补助光，为居室增色不少。

射灯，如安置在客厅，则画龙点睛；如安置在床头，则空灵隽永；如安置在书房，则高雅不俗；如安置在浴室，则温馨可人；如安置在厨房，则别有一番滋味。安装射灯时，变压器一般都装在孔里面，没有不安全的问题。因为，吊顶中空间大，散热好。

a．安装射灯常见的问题是，有的工人在前期施工时，没有把电源线布置好，造成在吊顶后，开灯孔就找不到线了，所以，要注意把线的位置布置好。需要电工与木工配合好。

b．另一个问题是，有的灯孔开挖时不准确，造成尺寸或间距左右前后不一致，看着别扭。

c. 灯孔由于吊顶的高度而形成深度，这个深度要能够放进射灯。如果不够，就造成灯无法安装。所以，吊顶时就要考虑好用什么样的射灯。

5. 筒灯

筒灯，一般装设在卧室、客厅、卫生间的周边天棚上，如图 5-9 所示。这种嵌装于天花板内部的隐置性灯具，所有光线都向下投射，属于直接配光。可以用不同的反射器、镜片、百叶窗、灯泡，来取得不同的光线效果。筒灯不占据空间，可增加空间的柔和气氛，如果想营造温馨的感觉，可试着装设多盏筒灯，减轻空间压迫感。

筒灯的主要问题出在灯口上，有的杂牌筒灯的灯口不耐高温，易变形，导致灯泡拧不下来。现在，所有灯具只有通过 3C 认证后才能销售，消费者要选择通过 3C 认证的筒灯。

图 5-9　筒灯 http://baike.baidu.com/image/27d647ee1bb8acb7b3fb9507

6. 直角尺

直角尺是具有至少一个直角或两个或更多直边的，用来画或检验直角的工具，如图 5-10 所示是一种专业量具，简称为角尺，在有些场合还被称为靠尺，按材质它可分为铸铁直角尺、镁铝直角尺和花岗石直角尺，它用于检测工件的垂直度及工件相对位置的垂直度，有时也用于画线。适用于机床、机械设备及零部件的垂直度检验，安装加工定位，画线等，是机械行业中的重要测量工具，它的特点是精度高，稳定性好，便于维修。

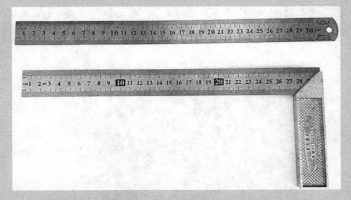

图 5-10　直角尺 http://baike.baidu.com/image/27d647ee1bb8acb7b3fb9507

7. 卷尺

在生活中以及建筑、装修中常用的一种测量工具，如图 5-11 所示。

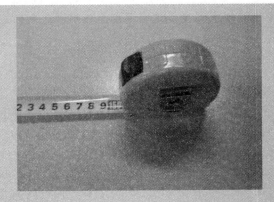

图 5-11　卷尺

8. 压接钳

压接钳是一种用冷压的方法来连接铜、铝导线的五金工具，特别是在铝绞线和钢芯铝绞线敷设施工中常要用到，如图 5-12 所示。

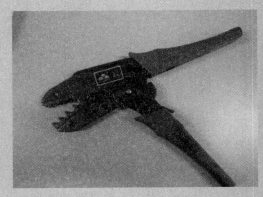

图 5-12　压接钳

9. 内六角扳手

内六角扳手也叫艾伦扳手，如图 5-13 所示。它通过扭矩施加对螺丝的作用力，大大降低了使用者的用力强度，是工业制造业中不可或缺的得力工具。

图 5-13　内六角扳手

10. 台虎钳

台虎钳又称虎钳，是用来夹持工件的通用夹具，如图 5-14 所示，装置在工作台上，用以夹稳加工工件，转盘式的钳体可旋转，使工件旋转到合适的工作位置。

图 5-14 台虎钳

11. 人字梯

人字梯是用于在平面上方空间（如屋顶）进行装修之类工作的一类登高工具，如图 5-15 所示。

图 5-15 人字梯

12. 号码管

连接导线时，把号码管套在导线的两端，并在两端进行标号，可明确区分不同的导线，如图 5-16 所示。

13. 绕线管

绕线管，也称缠绕管（通俗叫法，缠绕管的涵盖范围更大）、卷式结束带（配线行业，如西安吉耐尼龙制品有限公司专业名称），一种螺旋状的胶管保护套，常用聚乙烯、聚丙烯、尼龙为原料，对液压胶管、电线、电缆等内部产品起到束缚和保护的作用，如图 5-17 所示。

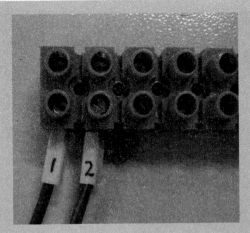

图 5-16　号码管

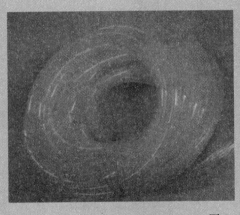
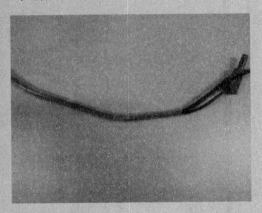

图 5-17　绕线管

学习活动三　勘查施工现场

 学习目标

1. 熟悉住房的框架结构及周围环境。
2. 能够根据住房的框架结构画出住房的平面图。
3. 根据实际情况确定各个房间的分配以及每个房间的具体线路和相关电器。

 学习过程

请带着相关作图工具以及白纸到达施工现场进行勘察。

引导问题：

1. 写出该住房的户型结构及其面积、形状、高度，并画出具体的房屋平面展开图（附白纸一张，画图参考如图 5-18 所示），标记好尺寸，并对每一面用大写字母 A、B、C 等做上标志，标识为 A 面、B 面等。

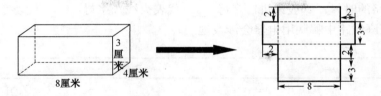

图 5-18　住房及平面展开图

2. 根据实际情况，以及住户要求你将怎样分配各个房间？例：A 面→客厅。

_____

_____

3. 根据住户的要求结合实际情况，你将怎样安排每一个房间的线路以及用电器？例：客厅→采用双控主灯、单控射灯，考虑到电视、空调等用电器，预计使用 3 个插座。

_____

_____

4. 根据现场具体情况，你准备将室外配电箱安装在什么位置？

_____

_____

5. 根据现场实际情况，以及施工队伍的人员素质，预计完成此次施工任务需要多长时间？

_____

_____

学习活动四　制定工作计划

学习目标

1. 能根据施工现场的勘察情况，设计整个住房线路的原理图、电气元件的布局图、槽板走线图。

2. 能根据住户的要求和施工图纸，列举所需工具和材料清单。

3. 能够确定工作流程，分工明确。

学习过程

一、在住房平面图的基础上绘制原理图、布局图、槽板走线图（附 3 张白纸）

引导问题：

1. 家庭照明线路各个支路之间的关系是_____ A.串联 B.并联

2. 绘制线路的时候，导线必须遵循_____原则。

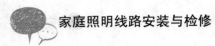

3．该住房线路一共___个房间，即代表线路分为_____个部分，即说明线路的支路中涉及_____个空开（一个空开控制一个房间）。

4．绘制线路的时候，一般来讲，字母_____代表火线，字母_____代表零线，字母_____代表地线。在家庭线路中哪些用电器会涉及地线？

_____

_____

5．绘制布局图时，固定圆形灯座的坐标时，应以圆形灯座的_____为标准，固定矩形器件的时候应以矩形器件的_____为标准。A．中心 B．边

二、准备工作

引导问题：

1．完成此次施工任务需要用到哪些电工工具？

_____

_____

_____

_____

2．列举三个房间所需材料及电气元件。

客厅：_____

_____

_____

厨房：_____

_____

卧室：_____

_____

3．根据你的槽板走线图设计预计需要槽板 Φ_____的_____米、Φ_____的_____米，PVC管Φ_____的_____米，弯头_____个，等粗三通_____个，分线盒_____个，大尺寸封线盒_____个，小尺寸封线盒_____个。

三、工作流程

引导问题：

1．正式开工前，我们应该做哪些准备工作？

例如，清点电工工具、_____

_____

_____

2．以安装客厅线路为例，你认为安装一间住房线路的先后顺序是怎样的？

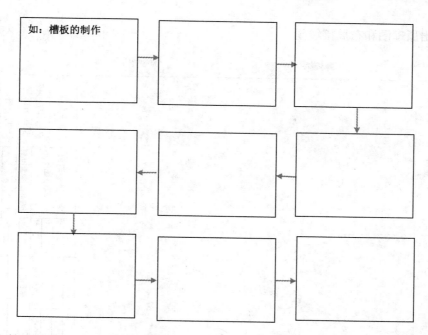

如：槽板的制作

3．配电箱应该在_____安装比较合适。A．工程实施的第一步　B．工程实施的最后一步

4．根据拓展内容的施工方式，结合施工现场的实地考察和施工人员的综合素质情况，该项目确定为依次施工的方式，请完成以下内容：

在该项目中我决定由_____（房间）开始，到_____，再到_____的顺序，先完成所有房间的电气元件的固定，在这期间由_____（组员姓名）完成电气元件的画线定位，由_____（组员姓名）完成手工固定电气元件，由_____（组员姓名）完成拧紧螺丝最终固定好所有的电气元件。接下来参照以上顺序，分别由大家共同完成接下来的每一个步骤：槽板的拼接与固定，导线的连接，线路的检查，盖板的固定，通电试车等。

四、制定工作计划

根据以上引导问题，制定出施工项目的工作计划如表 5-1 所示。

表 5-1　工作计划表

序号	具体任务	完成时间
1		
2		
3		
4		
5		
6		
7		
8		
9		
10		

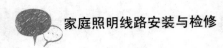
五、画出原理图和布局接线图

1. 原理图

重庆立信		
家庭照明线路安装与调测		
项目五 低压配电线路		

家庭照明用电线路图			
图样标记	重量	比例	
共 张		第 页	

2．器件布局图

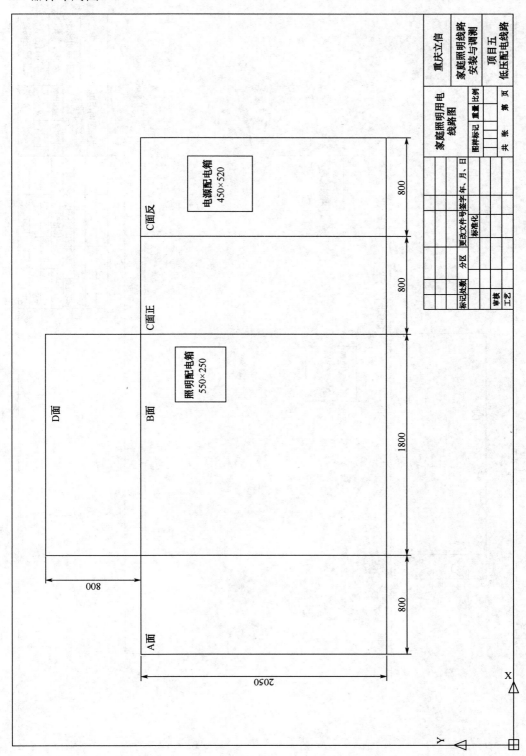

家庭照明用电线路图				重庆立信
				家庭照明线路安装与调测
图样标记	重量	比例		项目五 低压配电线路
共 张			第 页	
标记 处数	分区	更改文件号	签字	年、月、日
		标准化		
审核				
工艺				

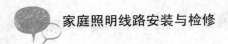
3. PVC 管槽走线图

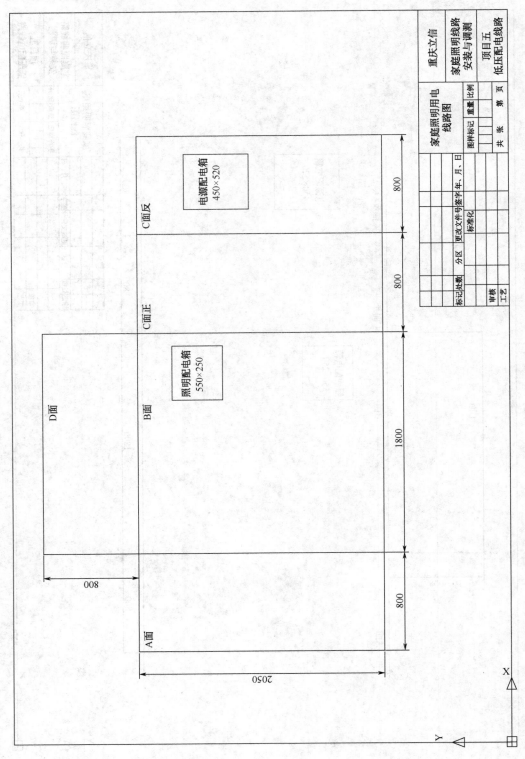

 **知识拓展**

注意事项

（1）绘制相关线路图的时候，导线一定要遵循横平竖直的原则。

（2）绘制布局图时，固定圆形灯座的坐标时，应以圆形灯座的中心为标准，固定矩形器件的时候应以矩形器件的边为标准。

（3）照明、插座回路分开，好处是：如果插座回路的电气设备发生故障，仅此回路的电源中断，不会影响照明回路的工作，从而便于对故障回路进行检修。

（4）照明应分为几个回路，这样一旦任一回路的照明灯出现短路故障，也不会影响到其他回路的照明，就不会使整个家庭处于黑暗中。

（5）对空调等大容量电气设备，宜一个设备一回路。如果用同一回路，当它们同时使用时，导线易发热，即使不超过导线允许的工作温度，也会降低导线绝缘的寿命。此外，加大导线的截面可大大降低电能在导线上的损耗。

（6）插座回路必须采用接地保护措施。

（7）对于大功率电器，应设置良好的接地措施。

（8）家庭照明线路中各个支路应该成并联关系，等电压。

（9）施工方式

① 依次施工：依次施工也称顺序施工，即指前一个施工过程（或工序或一栋房屋）完工后才开始下一施工过程，一个过程紧接着一个过程依次施工下去，直至完成全部施工过程。

② 交叉施工：两个或以上的工种在同一个区域同时施工称为交叉作业。

施工现场常会有上下立体交叉的作业。因此，凡在不同层次中，处于空间贯通状态下同时进行的高处作业，属于交叉作业。

③ 流水施工：流水施工为工程项目组织实施的一种管理形式，就是由固定组织的工人在若干个工作性质相同的施工环境中依次连续地工作的一种施工组织方法。工程施工中，可以采用依次施工（亦称顺序施工法）、平行施工和流水施工等组织方式。对于相同的施工对象，当采用不同的作业组织方法时，其效果也各不相同。

学习活动五　现场施工

 学习目标

1. 能按照作业规程应用必要的标识和隔离措施，准备现场工作环境。
2. 能按图纸、工艺要求、安装规程要求，进行护套线布线施工。
3. 能对整个线路进行直观检查。

 **学习过程**

引导问题：

1. 你在该施工项目中担任什么样的角色？

_____

_____

_____

2. 在该施工项目中你具体负责哪些事情？

_____

_____

_____

3. 安装之前是否需要检查控制开关的好坏？_____
   A．需要　　　　　　B．不需要

4. 挂机空调插座安装时一般应该离地_____m。

5. 安装客厅的顶灯主灯时，必须在地面_____才能安装。

6. 使用人字梯时注意放置的位置应_____。

7. 固定槽板的底板时，固定点之间的距离应该_____。

8. 在接线过程中，当导线不够长时是否可以在槽板内进行导线的连接？_____
   A．是　　　　　　B．否

9. 当导线连接完毕后，必须用_____对整个线路进行通电前的测试的时候，当冷态测试完毕以后，除了检测照明期间是否正常工作以外，还必须用_____检测插座是否通电。

10. 施工完成以后，施工场地必须严格按照_____管理规定进行规范整理。

一、施工过程记录

对施工过程进行记录，并填写表 5-2。

表 5-2　施工过程记录表

阶段	工作内容	完成时间
1	列举工具和材料清单，并领取相关工具和材料清单	30 分钟
2		
3		
4		
5		
6		
7		
8		
9		
10		
11		
12		

二、线路检测

1. 对线路进行通路、短路、断路等检测时通常采用的是万用表的_____挡。

2. 请你描述家庭照明线路中照明设备的检查方法。

_____

_____

_____

_____

3. 请你描述家庭照明线路中插座设备的检查方法。

_____

_____

_____

_____

_____

_____

思考问题：如果检测时，万用表笔不够长怎么办？

_____

_____

_____

_____

_____

_____

 **知识拓展**

注意事项

（1）接地（PE）与接零（PEN）支线必须单独与接地（PE）与接零（PEN）干线相连接，不得串联连接。

（2）工具以及相应电气元件在使用之前必须检查其好坏和数量。

（3）使用人字梯时应注意：第一，人字梯放置位置应平整稳固；第二，人字梯中间的拉杆必须可靠牢固，且使用时必须平整，不能拱起；第三，上下人字梯时应该面朝着人字梯，且每次只能跨一层；第四，上下人字梯时手中不能拿任何东西；第五，使用人字梯时必须保证有人扶着；第六，禁止两人同时使用同一人字梯。

（4）高空安装的顶灯，地面通断电实验合格，才能安装。

（5）灯具固定牢固可靠，不使用木楔，每个灯具的固定螺钉不少于2个。

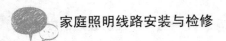

家庭照明线路安装与检修

（6）室内灯具的安装高度应该大于 2m。

（7）板内电线无接头，电线连接设在器具处；槽板与各种器具连接时，电线应留有余量，器具应压在槽板端部。

（8）槽板敷设应该紧贴建筑物的表面。

（9）槽板底板接口与盖板接口应错开 20mm。

（10）槽板底板固定点之间的距离应该小于 500mm，底板距终端 50mm 处应该固定。

（11）插座的安装高度：普通插座和弱电插座高度为距地 300mm，并且间距为 300mm（国家规定强电与弱电插座之间必须间距在 50cm 以上）；电源插座底边距离地面应为 300mm；平开关板底边距离地面应为 1300～1400mm，距门框边 15～20cm；客厅空调（立体空调）插座高度为距地 300mm；挂机空调插座高度为 1800mm；脱排插座（油烟机供电的插座）的高度为 2100mm；厨房插座高度为 950mm；挂式消毒柜插座高度为 1900mm；洗衣机插座高度为 1000mm；浴霸插座高度为 2100mm；电视机插座高度为 650mm；同一室内的电源、电话、电视等插座面板应在同一水平标高上，高差应小于 5mm。

（12）不能用自来水管作为接地线。新建住宅楼都配置了可靠的接地线，而老式住宅往往无接地线，不少老式住宅用户就以自来水管作为接地线，这是不正确的做法。

（13）对小孩能触及的插座，应选择带保护的插座，避免小孩把金属物体塞进插座内造成电击。

（14）熟记常见安全标识牌，如图 5-19 所示。

图 5-19　常见安全标识牌

学习活动六　施工项目验收

 学习目标

1．记录项目负责人在整个验收过程中提出的问题和值得改进的地方。
2．改善项目中存在的不足。
3．准备好用户需要的相关资料。

 学习过程

工程交接验收时，宜向住户提交下列资料：

114

（1）配线竣工图，图中应标明暗管走向（包括高度）、导线截面积和规格型号。

（2）开关、灯具、电气设备的安装使用说明书、合格证、保修卡等。

学习活动七　工作总结与评价

学习目标

1. 真实评价学生的学习情况。
2. 培养学生的语言表达能力。
3. 展示学生学习成果，树立学生学习信心。

学习过程

一、成果展示

同学们以小组形式，通过演示文稿、展板、海报、录像等形式，向全班展示、汇报学习成果。

展示内容可以有：

（1）通过一室一厅小户型住房线路的安装过程学到了什么（专业技能和技能之外的东西）？

（2）展示你最终完成的成果并说明它的优点。

（3）安装质量存在问题吗？若有问题是什么问题？什么原因导致的？下次该如何避免？

（4）讨论本组的成果以什么形式展示？

二、总结评价

以组为单位进行评价：其他组对展示小组的过程及结果进行相应的评价，完成表 5-3 所示评价表一的内容；本人、本组组长、教师完成表 5-4 所示评价内容（其中本组组长完成"小组评价"，本人完成"自我评价"，教师完成"教师评价"内容）。

表 5-3　评价表一

	参加展示人数	评价		小组优良排序
		语言表达最好的学生	展示中表现最好的学生	
1				
2				
3				
4				
5				

表 5-4 评价表二

序号	项目	自我评价			小组评价			教师评价		
		10～8	7～6	5～1	10～8	7～6	5～1	10～8	7～6	5～1
1	学习兴趣									
2	任务明确程度									
3	信息收集能力									
4	学习主动性									
5	承担工作表现									
6	协作精神									
7	时间观念									
8	工作效率与完成质量									
9	安装工艺规范程度									
10	创新能力									
	总评									

三、教师点评

1. 找出各组的优点。
2. 整个任务完成过程中各组的缺点，改进方法。
3. 整个项目完成中出现的亮点和不足。

反侵权盗版声明

电子工业出版社依法对本作品享有专有出版权。任何未经权利人书面许可，复制、销售或通过信息网络传播本作品的行为；歪曲、篡改、剽窃本作品的行为，均违反《中华人民共和国著作权法》，其行为人应承担相应的民事责任和行政责任，构成犯罪的，将被依法追究刑事责任。

为了维护市场秩序，保护权利人的合法权益，我社将依法查处和打击侵权盗版的单位和个人。欢迎社会各界人士积极举报侵权盗版行为，本社将奖励举报有功人员，并保证举报人的信息不被泄露。

举报电话：（010）88254396；（010）88258888

传　　真：（010）88254397

E-mail：　dbqq@phei.com.cn

通信地址：北京市万寿路 173 信箱

　　　　　电子工业出版社总编办公室

邮　　编：100036